KB009918

차박 전문가가 이 책을 추천합니다

*

김태진 기자(고차박 편집장)의 상상은 현실이 된다. 모든 탈것과 자연을 사랑하는 저자의 순수한 마음을 다른 사람들과 나누는 것에 감사한다. 떠나기 전에 준비하는 과정부터 이미 여행이 시작되듯이, 이 책을 접하는 순간 이미 나의 차박은 시작되었다.

— 김태완 완에디 대표(전 한국GM 디자인 총괄 부사장, 이화여대 디자인대학원 겸임교수)

*

코로나19의 영향으로 우리나라에도 차박 문화가 꽃피었지만, 차박 캠핑을 본격적으로 다룬 책이 드물어 늘 아쉬웠었다. 그러던 차에 이런 좋은 정보를 담은 책이 드디어 나왔다니, 너무나 반갑다. 《고차박》은 차박을 원하는 분들에게 유용한 필독서가 될 것이다.

— 네이버 카페 '차박은 내친구' 매니저(카페 https://cafe.naver.com/gpsf)

*

이불 한 채를 차에 싣고 불편한 잠자리의 세계로 뛰어들어 보라. 그러다가 '아차' 싶으면 이 책을 펼쳐 하나씩 따라해 보라. 이 책은 반복되는 일상의 루틴을 벗어나고자 하는 당신의 용기에 날개를 달아줄 것이다. 또 솔바람과 바다 내음이 있는 자연에 도전하려는 용기를 낸 평범한 당신을 특별한 경험으로 이끌어 줄 차박 길라잡이가 될 것이다. 1인치짜리 자막의 장벽을 뛰어넘으면 더 많은 훌륭한 작품들을 감상할 수 있다는 봉준호 감독의 말처럼 "4바퀴짜리 차와 《고차박》만 있다면 더 많은 훌륭한 자연들을 감상할 수 있다"라는 말로 추천사를 갈음한다.

— 네이버 카페 '차박캠핑클럽' 칼럼 연재 '원주 옹'님(카페 https://cafe.naver.com/chcamping)

*

차박캠핑과 차크닉의 모든 것

Go! 차박

차박캠핑과 차크닉의 모든 것

Go!
차박

고차박 편집팀 지음

BM 황금부엉이

차박, 여행이 두려운 당신을 위한 새로운 레저 트렌드

벌써 코로나19 2년째다. 매일 나오는 확진자 숫자가 일기예보만큼이나 익숙해졌다. 더위를 살짝 달래주던 도쿄 올림픽도 막을 내렸다. 친구나 지인 여럿이서 떠들썩하게 회식을 하고 스포츠 경기장에 인파가 몰리는 일상이 이제는 특별하고 그리운 추억으로 다가온다. 강화되는 방역 수칙에 지친 이들이 새로운 레저 트렌드를 만들어냈다. 바로 차박이다. 차박은 숙박업소가 아닌 차에서 잠을 자고 여행을 하는 것을 말한다.

차박을 하기 위해 검색을 해보면 수많은 정보가 난무하여 어디서부터 손을 대야 할지 모를 정도다. 그러나 초보 차박러를 위한 정리된 정보가 없을 뿐, 차박은 그다지 복잡하지 않다. 캠핑형 차박도 있긴 하지만 보통은 차에서 숙박을 해결하기 때문에 캠핑만큼 많은 짐을 꾸릴 필요가 없다. 텐트를 치고, 팩을 박고, 경쟁하듯 장비를 사 모으지 않아도 된다. 있는 그대로의 자연을 즐기고, 주변 맛집을 찾아 기다림 끝에 배를 채우는 평범함이 차박이다. 아울러 주변 관광지나 역사 유적을 둘러보고 지식과 교양까지 쌓을 수 있다.

이에 고차박 편집팀은 어떻게 차박을 시작할지 모르는 초보 차박러를 위해 단행본 출간을 결심했다. 이 책 한 권이면 '차박 100% 준비 끝'이다. 책을 본 후 준비물을 챙기고, 장소를 결정한 후 시동을 걸고, 목적지를 향해 달려가면 그만이다. 연인이나 가족과 함께, 때로는 혼자서도 좋다. 벌레가 난무하는 캠핑이 무섭고 차박은 더욱 두렵다는 중장년층에겐 "나이를 먹었다고 해서 현명해지는 것은 아니다. 조심성이 많아질 뿐이다."란 어네스트 헤밍웨이의 말과 함께, 이런 조언을 해주고 싶다. 과감하게 차박을 떠나라!

차박러는 자연을 벗삼는다. 향긋한 풀내음과 머리카락을 휘감는 바람, 굽이쳐 흐르는 계곡 물과 파도 소리가 모두 친구다. 자연의 섭리를 있는 그대로 받아들일 준비가 됐다면 누구나 차박을 떠날 수 있다. 차창에 스쳐가는 시원한 바람을 느끼며 "지금 이 순간은 현재 가지지 못한 것에 대해서 생각할 때가 아니다. 현재 가지고 있는 것으로 무엇을 할 수 있을까를 생각 할 때이다." 숱한 전쟁에서 종군 기자로 도전을 마다하지 않았던 헤밍웨이의 말들이 생각나 는 건 지금이 바로 치열한 코로나19 시대이기 때문이다.

내년 이맘때에는 마스크를 벗고 차박지에서 큰 심호흡을 할 수 있길 기대해 본다. 아울러 전국에 양성화된 차박장이 여러 곳 들어서길. 더 나아가 백신 접종 증명서를 들고 해외 원정 차박을 떠날 수 있길 간절히 바란다.

2021년 8월 여름을 보내는 처서를 앞두고
고차박 편집팀

차례

뉴 노멀 시대의 새로운 트렌드, 차박

코로나19 시대에 새롭게 떠오른 레저 트렌드는 차박과 캠핑이다. 차박이란, 말 그대로 차에서 숙박하는 행위를 말한다. 차박을 하는 사람들을 뜻하는 '차박러'라는 신조어도 생겼다. 주변의 많은 이들이 차박 여행을 꿈꾸는 시대, 그들은 '뭘 준비하면 될까, 어디로 갈까' 하는 즐거운 고민을 하면서 잠을 청한다.

차박은 크게 캠핑 스타일과 여행 스타일로 나눌 수 있다. 캠핑 차박은 야외에서 직접 요리를 하거나 야영을 하며 휴식을 취하는 방식이다. 여행형 차박의 경우 별다른 짐이 필요 없다. 그저 집에서 사용하던 이불과 베개를 챙겨 출발하면 된다. 원하는 장소에 차를 대고 맛집에서 배를 채운 후 잠들면 그만이다. 한번 도전해보면 쉽사리 헤어 나올 수 없을 정도로 많은 추억을 만들어주는 차박은 정말 매력적인 활동이다.

첫 차박의 추억

첫 차박의 기억은 꼬맹이 시절로 거슬러 올라간다. 아버지 손에 이끌려 '현대 그레이스'에서 차박을 했다. 당시는 지금처럼 고속도로가 잘 뚫려 있을 때가 아니라서 한반도 끝자락에 위치한 시골 할머니 댁까지 꼬박 하루가 걸렸다. 차 안에서 10시간 이상을 머물러야 하니 차 안이 놀이터이자, 식당이자, 잠자리가 됐다. 지금처럼 전 좌석 안전벨트 법규라는 것이 없었고, 때로는 걷는 것보다 더 느린 정체 속에 갇혀 있어야 했다. 돌이켜보면 잊을 수 없는 부모님과의 하룻밤이었다. 그때 탔던 15인승 승합차 그레이스는 모든 의자를 뒤로 눕혀 평탄화를 할 수 있었다. 최근 출시된 미니밴에선 사라진 기능이지만 당시 현대자동차가 그레이스 판매 포인트로 설정했을 만큼 많은 소비자가 원하던 기능이었다.

아버지가 타고 다녔던 현대 그레이스. 우리 가족의 추억이 깃든 미니밴이다.

가족과 함께, 아이와 함께 자연 속으로

시간을 훌쩍 뛰어 넘은 지금은 2021년. 예상하지 못했던 신종 코로나바이러스의 유행이 우리의 일상을 바꿔 놓았다. 코로나19 유행은 벌써 2년째에 접어들었다. 지금은 코로나19를 예방하며 일상생활을 해야 하는 위드 코로나 시대다. 이 시기를 가족의 재발견을 할 수 있는 시대라고도 한다. 회사, 친구 모임은 물론이고 경조사 또한 참석하지 않는 것이 기본 예의가 됐고, 가족과 보내는 시간은 늘었다.

코로나19는 특히 아이를 키우는 가정의 일상을 크게 바꾸었다. 부모는 24시간을 아이와 함께 보내느라 정신이 없다. 재택근무가 보편화하면서 아빠들도 집에 머무는 시간이 늘었다. 집에서 시간을 보내며 아이들에게 장난감을 사주거나 함께 놀 방법을 찾는다. 미술도구, 블록, 모래놀이, 쿠키 만들기 키트 등을 사서 놀아줘도 아이는 더 놀아달라고 보챈다. 온종일 집에 머물다보니 층간소음도 문제가 된다. 아이는 아이대로 심심하고 답답한지 딱 '미운 네 살'처럼 군다. 에너지를 발산할 시간과 공간이 절대적으로 필요하다.

답답한 이때, 적당한 크기의 차만 있으면 당장이라도 가족여행을 떠날 수 있다. 퇴근과 동시에 가볍게 떠날 수도 있다. 차 안에서 숙식을 해결한다면 힘겹게 텐트를 치거나 접을 필요도 없고 숙소를 예약할 필요도 없다. 날씨의 영향도 비교적 덜 받는다. 비바람이 몰아쳐도 텐트가 날아갈 걱정 없이 편하게 잘 수 있다. 비가 오면 오히려 우중 차박의 매력에 빠질 수 있어서 일부러 비 오는 날을 골라 떠나는 이들도 있다. 음식을 가져갈 필요도 없다. 어디든 식당은 있기 마련이다. 식당에서 먹는 게 걱정된다면 도시락, 밀키트도 아주 훌륭한 끼니가 될 수 있다. 차 트렁크를 열고 뒷좌석을 앞으로 접은 뒤 그 위에 에어매트, 이불, 베개 정도만 놓으면 호텔 못지않은 잠자리가 완성된다. 아이패드나 빔 프로젝터가 있다면 아이와 함께 좋아하는 영화를 보면서 이야기를 나누어보자. 이색 영화관이 된다.

오토캠핑장처럼 화장실, 세면대가 갖추어진 곳도 좋지만 자연을 벗 삼아 차 안에서 하룻밤을 보내는 것을 추천한다. 차박으로 할 수 있는 이색 경험이다. 백패킹보다 안전하고 캠핑보다 간편하다. 하룻밤을 보내고 나면 차박의 매력에 눈을 뜨게 될 것이다. "한 번도 안 해본 사람은 있어도 한 번만 해본 사람이 없다."는 것이 차박의 매력이다. 차박은 여행이나 관광이 아닌 경험이다. 아이와 함께 다니는 차박에선 먹는 것, 움직이는 것 하나하나가 특별하다. 아이는 분명 다음에 또 오자고 할 것이다. 내가 그레이스에서 보낸 첫 차박의 추억처럼 부모와 함께한 경험들은 아이의 인생을 풍요롭게 만드는 큰 재산이 된다.

어떤가.
이 정도면 지금 당장이라도 시동을 걸고
떠나기에 충분하지 않은가?

출처 : www.pexels.com

Part 1

떠나기 전 기본 준비

01 나의 차박 스타일 테스트

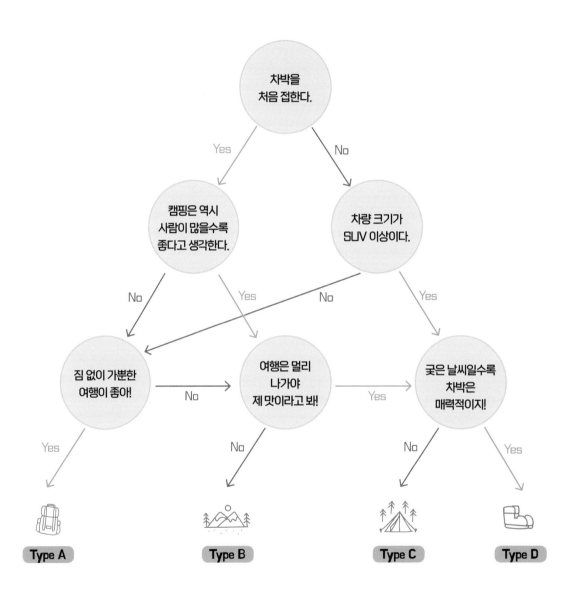

차박을
처음 접한다.

Yes — No

캠핑은 역시
사람이 많을수록
좋다고 생각한다.

차량 크기가
SUV 이상이다.

No — Yes — No — Yes

짐 없이 가뿐한
여행이 좋아!

여행은 멀리
나가야
제 맛이라고 봐!

궂은 날씨일수록
차박은
매력적이지!

Yes — No — Yes — No — Yes — No

Type A

Type B

Type C

Type D

Type A 미니멀 솔로 차박

시간과 장소에 큰 구애받지 않고 혼자서 훌쩍 떠나는 것을 즐기는 타입으로, 자가용만으로도 OK! 차를 오피스 대용 공간으로 삼아 자연에서 일하거나 퇴근 후 혼자서 야경 맛집을 찾아 맥주 한 캔을 홀짝이는 솔로 차박을 권한다.

Type B 근교로 떠나는 커플 차크닉

차박을 시작한 지 얼마 되지 않아 큰 짐을 바리바리 챙기는 것은 부담스러운 타입. 커플이나 3인 가족 규모로 가까운 장소에서 서너 시간 피크닉을 즐기는 것이 좋은 당신에게 권한다.

Type C 확장형 가족 차박

캠핑 형태에 가까운 차박을 원하는 타입. 좀 더 멀리 나가도 좋고, 캠핑 용품을 열심히 사 모으고 테트리스에도 능숙한 가족형 차박러가 여기에 속한다.

Type D 동계 스텔스 차박

비오는 날 차 안에서 빗소리를 감상하거나 추운 겨울날 난방 기구를 모두 갖추고 전국 차박 명소를 누비며 스텔스 차박을 즐기는 당신은 이미 프로 차박러!

02 차박 용어에 대한 모든 것

차박 경험이 없는 입문자들은 차박 용어부터 알아야 쉽게 접근할 수 있다. 차박을 떠나기 전, 꼭 알아야 할 차박 용어에 대해 알아보자.

스텔스 차박

스텔스 차박이란, 흔적 없이 차박하는 것을 말한다. 적의 레이더에 포착되지 않도록 만들어진 최첨단 전투기인 스텔스기(stealth aircraft)에서 유래한 단어다. 순수하게 차 안에서 모든 것을 해결한다. 바깥에서 보면 차박을 하는지 알 수 없다. 차박에 처음 도전하는 입문자들에게도 추천한다. 취사를 하지 않고 별도의 텐트나 셸터를 칠 필요가 없어 장비를 챙기지 않아도 되기 때문이다. 여성 혼자 차박을 할 경우에도 눈에 띄지 않아 안전하다. 스텔스 차박의 경우 흔적을 남기지 않는 것이 중요하므로 바퀴 자국도 남겨서는 안 된다.

평탄화

평탄화란, 차박을 위해 뒷좌석을 평평하게 만드는 작업이다. 쉽게 말하면 누워서 쉴 수 있는 환경을 만드는 것이다. 차박을 할 때 가장 중요한 작업이다. 바닥에 경사가 있거나 틈 사이에 단차나 빈 공간이 생기면 바닥을 평평하게 만드는 '평탄화' 작업을 해야 한다. 빈 공간에 침낭처럼 부피가 큰 물건을 끼워 넣거나 작은 나무판을 올려 메우고 그 위에 에어매트리스와 침낭을 깔면 평탄화할 수 있다. 좀 더 완벽한 평탄화를 하고 싶다면 가구를 맞출 수도 있다.

제네시스 GV80

풀 플랫

풀 플랫은 SUV의 3열 또는 2열까지의 뒷좌석을 앞으로 접었을 때 뒤의 공간이 완전히 평평해지는 상태를 말한다. 트렁크나 2·3열 사이에 단차가 없어야 하고, 좌석이 180도로 접혀야 '풀 플랫'이라고 할 수 있다. 최근 출시된 차량들은 차박 트렌드를 고려해 단차 없는 풀 플랫이 가능하게 설계했다. 풀 플랫이 가능한 경우 평탄화 작업이 필요 없다.

혼다 CR-V

인버터

인버터(Inverter)는 DC(직류)를 AC(교류)로 변환해주는 장치로, 정식 명칭은 DC-AC 인버터다. 보통 가전제품은 220V라서 차량에 있는 12V를 변환해주는 기계가 필요하다. 차량용 인버터는 차에 있는 12V 전력을 220V로 전환해주는 기계다. 일종의 변환기라고 보면 된다. 인버터의 가격은 종류와 용량에 따라 천차만별이다.

우중 차박

우중 차박은 비 오는 날 즐기는 차박을 뜻한다. 장마철에 즐기기 좋다. 비 오는 날 차박의 매력이 더 크게 느껴진다. 백패킹보다 안전하고 캠핑보다 간편하다. 젖은 텐트를 말릴 필요도 없고 옷이 젖을 염려도 없다. 차 천장에 떨어지는 빗소리를 들으며 자연에서 낭만을 즐겨보자. 백패킹의 감성과 캠핑의 안락함을 동시에 즐길 수 있다.

차크닉

차크닉이란, 차+피크닉의 합성어로 간단히 차에서 즐기는 피크닉을 뜻한다. 차에서 1박 하는 게 부담스러운 여성이나 커플들이 주로 도전한다. 당일치기로 다녀오기 때문에 강 둔치나 가까운 교외의 한적한 장소 등에서 즐긴다. 차박은 부담스럽지만 최근 유행하는 차박 트렁크 샷을 찍고 싶다면 차크닉이 제격이다.

미니멀 차박

미니멀 차박은 최소한의 장비로 즐기는 차박을 말한다. 물론 차박을 제대로 즐기려면 도킹 텐트, 침낭, 에어매트 등 많은 장비들이 필요하다. 하지만 최소한의 장비만으로 즐길 수 있다는 것이 차박의 가장 큰 매력이자 특징이다. 차박의 가장 큰 장점은 언제든 훌쩍 떠날 수 있다는 것인데, 많은 장비를 챙겨야 하거나 준비에 많은 시간이 걸린다면 차박의 본래 의미가 퇴색된다고 할 수 있다.

파워뱅크

파워뱅크는 인버터와 더불어 차에서 전기를 사용하기 위한 필수 장치다. 파워뱅크는 한마디로 대용량 보조 배터리다. 파워뱅크는 고용량의 전기를 다루기 때문에 사용후기가 좋은 '안전한' 제품을 고르는 것이 중요하다. 구매 전, KC 인증마크를 확인하는 것은 필수다. 일부 수입(중국산) 제품은 가격이 저렴한 대신 KC 인증마크가 없다. 차박은 나 혼자 떠나는 것보다 가족, 친구, 연인과 함께하는 경우가 많으니 꼭 안전이 보장된 제품을 구입하자.

불멍

불멍은 불을 피우고 모닥불을 바라보며 멍하게 있는 것을 의미하는 신조어다. 일렁이는 불꽃을 보며 타닥타닥 장작이 타는 소리를 듣고 있노라면 힐링이 따로 없다. 불멍과 함께 가벼운 휴식을 즐겨보자.

테트리스

블록을 빈칸 없이 차곡차곡 쌓는 게임인 테트리스처럼 자동차 트렁크에 짐을 실을 때 남는 공간 없이 차곡차곡 짐을 쌓는 것을 뜻한다. 테트리스를 잘하는 사람이야말로 진정한 차박러의 자격을 갖췄다고 할 수 있다. 테트리스를 하듯 자동차 트렁크에 한 치의 오차 없이 모든 짐을 싣는 데 성공했을 때는 희열마저 느껴진다.

솔캠

솔캠이란, 솔로+캠핑의 합성어다. 1인 가구의 증가와 함께 코로나19로 인해 비대면을 선호하게 되면서 '함께'보다 나홀로 캠핑 혹은 차박을 가는 사람들이 늘어나고 있다. 지금은 혼밥, 솔캠, 혼캠의 시대다. 솔캠은 말 그대로 혼자서 하는 캠핑이니 꼭 안전이 보장된 곳으로 가자.

무시동 히터

무시동 히터란, 차량의 시동을 걸지 않고 여유분의 전력으로만 작동시키는 난방기구다. 영어로는 parking heater라고 한다. 엔진을 공회전시키지 않아도 적은 연료만으로 무시동 히터를 작동하여 실내를 따뜻하게 유지할 수 있다. 다만 전문 장비가 필요하고 이를 제어할 수 있는 컨트롤러 설치 등 전문적이고 복잡한 작업을 거쳐야 한다. 배기가스가 조금이라도 차량 안으로 유입되면 인체에 치명적일 수 있다. 무시동 히터를 사용하려면 복잡한 배선 작업과 연료 계통을 거쳐야 한다. 반드시 전문가에게 작업을 맡기고 일산화탄소 감지기 등 안전 장비를 갖춰야 한다.

차핑

차핑은 차박+피싱(fishing)의 합성어로 낚시를 하며 차박을 즐기는 것을 뜻한다. 낚시를 좋아하는 차박러들이 자주 쓰는 용어. 전국을 돌며 낚시를 하고 차박하는 것은 많은 남성 차박러들의 로망!

노지/오지 차박

노지 차박이란 오토캠핑장이 아닌, 말 그대로 길에서 하는 차박을 말한다. 야영 시설이 갖춰져 있지 않은 곳에서 하기 때문에 장점과 단점이 뚜렷하다. 자연을 있는 그대로 즐길 수 있지만 화장실, 식수대 등이 갖춰져 있지 않아 불편함은 감수해야 한다.

노지 차박의 매력에 빠진 이들은 자신만의 노지를 찾아 차박을 즐긴다. 아침에 일어나 상쾌한 공기를 마시며 나 홀로 바라보는 풍경은 오토캠핑장에서는 전혀 느낄 수 없는 감동을 선사한다. 차량 진입 금지 구역이나 주정차 금지 구역에서 차박을 하는 것은 불법이니 주의하자. 인근 주민에게 피해가 가지 않도록 하는 것이 기본이다.

트박

캠핑 트레일러에서 즐기는 차박이란 뜻으로, 차로 캠핑 트레일러를 끌고 가서 차박을 즐기는 것을 말한다. 예전에는 트박이 인기였으나 요즘은 좀 더 간단하게 즐길 수 있는 차박을 더 선호하는 편이다.

승박

승박이란 '승용차+차박'의 합성어다. 차박은 주로 사이즈가 큰 SUV로 하는 것이 일반적이지만 승용차로 차박을 하는 차박족들이 많이 생기면서 만들어진 용어다. 도킹 텐트, 도킹 타프, 도킹 셸터 등을 이용하면 승용차로도 충분히 차박을 즐길 수 있다.

퇴근박

퇴근박이란 퇴근+차박의 합성어로 퇴근 후 떠나는 차박이다. 퇴근 후 산이나 바다, 계곡 등 어디로든 떠나면 되므로 유행처럼 번지고 있다. 차박지에 도착하면 어두우므로 조명이 필수다. 평일 저녁에 도착해서 다음날 아침에 돌아가기 때문에 여유롭게 즐길 수 있다. 가장 피곤한 시간에 떠나기 때문에 무조건 간단하고 가볍게 가야 한다. 퇴근박에 익숙해지면 퇴근을 하기 위해서라도 출근이 기다려질지도 모른다.

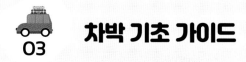

차박 기초 가이드

Check Point 1 > 차박 성공 여부는 평탄화부터

초보 차박러의 가장 큰 고민은 차 안에서의 잠자리일 것이다. 편하게 잠을 잘 수 있는 평탄화가 안 되면 '사서 고생하는 형국'이 된다. 평탄화가 잘 되면 차 안에 앉을 수 있는 공간이 만들어진다. 트렁크와 2열 시트를 이용해 바닥을 평평하게 만들고 그 위에 매트, 이불 등을 깔아 아늑한 잠자리를 만드는 게 중요하다.

평탄한 땅에 주차

잠은 하룻밤이라도 편하게 자야 한다. 다음날 차박지 인근을 관광할 일정이 있다면 더욱 그렇다. 우선 노지라도 평탄한 땅에 주차를 해야 한다. 땅이 기울어져 있으면 차도 기울어지기 마련이다. 차박 주차를 할 만한 평지는 손쉽게 찾을 수 있다. 절경이 보이는 산중이나 해변에서도 마찬가지다.

실내 평탄화

2단계는 실내 평탄화다. 먼저 트렁크 짐을 1열 시트로 옮기고 트렁크부터 정리한다. 트렁크가 말끔해지면 2열 시트를 접어 눕힌다. 차량 내부 전체를 평평하게 만드는 이 작업이 바로 실내 평탄화다. 차가 텐트의 역할을 하므로 별도로 텐트를 설치할 필요는 없다. 그래서 텐트를 설치해야 하는 캠핑에 비해 간단하므로 초보자도 쉽게 도전할 수 있다. 10분이면 근사한 잠자리가 완성된다. 2열 각도 차이가 6cm 이상이 되면 다소 불편하게 느껴질 수 있다. 이런 점에서 풀 플랫이 가능한 차량이 인기다. 차박하기 좋은 차의 포인트 중 하나가 풀 플랫 여부다. 2열 시트를 접었을 때 180도 평평한 공간이 마련되어 넓은 공간을 활용할 수 있어야 풀 플랫이라고 할 수 있고, 대부분의 평탄화 작업은 풀 플랫에 가까운 상태를 만드는 것이라고 볼 수 있다. 풀 플랫이 되지 않으면 다음날 목과 어깨가 뻐근한 아침을 맞이하게 될 수도 있다.

3단계부터 중요하다. 안락한 잠자리를 위해 보조 도구를 사용해야 한다. 대표적으로 에어매트와 합판이 있다. 에어매트는 시중에서 3만 원 내외(1인용 기준, 2인용은 5만 원대부터)면 구입할 수 있다. 단, 두터운 에어매트를 깔면 실내 공간이 부족해져 앉아 있는 것이 불편해질 수 있다. 에어매트가 있다면 1만 원대의 전동 에어 펌프나 돌돌 말면서 공기를 넣는 펌프를 갖추는 것이 좋다. 전동 에어 펌프가 있다면 에어매트의 바람을 뺄 때 편리하다.

공원 소풍을 가면 사용하던 발포매트 한 장만 깔아도 어느 정도 안락함이 보장된다. 약간의 푹신함을 원한다면 시중에서 저렴하게 구입할 수 있는 백패킹용 에어매트 혹은 자충매트를 추가하면 된다. 가격은 2만~10만 원대로 다양하다. 차박을 할 때는 캠핑에서처럼 바닥 공사(캠핑에서 지면의 한기나 습도를 막기 위해 하는 행위)를 할 필요가 없다. 바닥에서 차체가 떨어져 있을 뿐만 아니라 시트 위에서 잠자기 때문에 습기나 한기로부터 보호된다. 굳이 비싼 캠핑용 매트를 구입할 필요는 없다.

구입한 지 4~5년 된 SUV 가운데 차량 평탄화가 어려운 모델도 꽤 있다. 한 달에 한 번 이상 차박을 즐기는 분들에게는 전용 접이식 합판을 추천한다. 차량 크기에 맞게 제작된 두께 1cm 정도의 2, 3단 접이식 합판을 깔면 거의 완벽하게 평평한 공간을 만들 수 있고, 에어매트에 비해 공간도 절약할 수 있다. 다만, 차박을 하지 않을 땐 접어서 차량 트렁크에 수납해야 하는 번거로움은 감수해야 한다.

별도의 장비를 갖추지 않아도 거의 평평한 공간을 제공하는 차박 전용차도 있다. 대표적인 차가 쉐보레 트래버스, 볼보 XC90, 테슬라 모델X 등이다. 차박이 대세라 그런지 국산 신차의 경우 자체적으로 거의 풀 플랫이 가능하다. 현대차 투싼, 르노삼성 QM6에서는 손쉽게 평탄화가 가능하다. 대형급에서는 현대차 팰리세이드를 추천한다. RV의 대명사인 기아 카니발은 차박용으로 사용하기엔 다소 어려운 차종이다. 차량 자체에서 풀 플랫이 되지 않아 개조한 경우가 아니라면 차박이 쉽지 않을 수 있으나, 대중화된 차량인 만큼 매트와 같은 장비를 통해 평탄화를 시도하는 경우도 있다.

시에나 전용 에어매트

쉐보레 트래버스(풀 플랫)

볼보 XC90

랜드로버 디펜더

일반적으로 차박에 많이 사용되는 세그먼트는 준중형 SUV 이상이다. 요즘 대형 SUV가 인기를 끄는 이유 중 하나로 차박을 들 수 있다. 차가 클수록 차박이 편하지만 중형 SUV로도 충분한 공간을 확보할 수 있다. 모델에 따라 차이는 있지만 2열을 폴딩하면 꽤 평평한 공간이 나온다. 만약 내 차의 2열을 폴딩했는데 평평하지 않다면 2열 방석에 비밀이 숨어 있을 것이다. 2열 방석을 뺄 수 있도록 고안된 차량으로는 랜드로버 디펜더, 르노삼성 QM5, 현대 i30, 쉐보레 스파크 등이 있다.

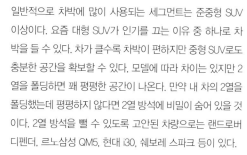

2열을 폴딩해도 마냥 편하지 않다면 별도 장비가 필요하다. 차량 전용 차박 매트리스나 맞춤 제작한 평탄화용 합판(5만 원 내외)을 사용하면 된다. 별도의 비용을 들이고 싶지 않다면 집에서 사용하던 요가 매트, 토퍼 매트리스나 두꺼운 이불을 가져와서 깔아도 상관없다. 하룻밤 자는 데 아무런 문제가 되지 않는다.

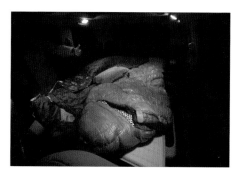
놀이방 매트

소형 SUV나 경차는 기본적으로 실내가 좁아 차박을 하기엔 어렵다. 그렇다고 불가능한 건 아니다. 하루 정도 불편을 감수한다면 차박의 낭만과 추억을 쌓을 수 있다. 이렇게 작은 차량에는 놀이방 매트를 추천한다. 1열을 앞으로 밀고, 1열 헤드 레스트 뒤쪽에 매트를 걸면 공간 확장이 가능하다. 인터넷에서 2만~3만 원이면 쉽게 구할 수 있다. 단단하게 제작돼 성인 남성이 머리를 기대거나 발을 올려도 무너질 걱정은 없다. 놀이방 매트 아래 공간에는 신발이나 작은 짐 등을 수납할 수 있다.

준중형급 SUV의 실내를 넓게 쓰려면 2열 헤드 레스트를 거꾸로 꽂으면 된다. 2열 헤드 레스트를 베개로 활용할 수 있을 뿐 아니라 공간이 길어져 활용도가 높다. 별도 장비를 구입하지 않아도 돼 많은 차박러들이 활용하는 노하우다. 차박 초보라면 한 번쯤 도전해볼 만한 방법이다. 단, 헤드 레스트를 뽑을 때는 힘을 꽤 써야 한다.

혼다 CR-V

Check Point 2 > 침낭 vs. 이불

자, 이제 평탄화는 해결했다. 이제 뭘 덮고 자야 할까? '침낭이 필수'라는 전문가들의 말에 검색해보니 '웬 걸…' 차마 엄두가 안 나는 고가 제품이 수두룩하다. 쓸 만한 침낭은 5만 원을 넘어 동계까지 고려하면 10만 원 정도는 줘야 한다.

그렇다면 집에서 쓰는 이불은 어떨까? 처음에는 침낭보다 이불을 사용할 것을 추천한다. 차박을 본격적으로 할 생각이라면 침낭을 구입하는 편이 낫지만 '차박, 나도 한번 해볼까?' 하는 마음으로 시작하는 초보라면 굳이 처음부터 침낭을 구입할 필요가 없다. 일단 처음에는 집에서 쓰던 이불과 베개로 시작해보자. 공간이 넉넉한 대형 SUV 소유자라면 부피가 큰 오리털 이불도 충분하다. 퀸 사이즈 패드와 오리털 이불이라면 한겨울에도 나만의 프라이빗 객실을 만들 수 있다.

침낭을 세팅한 모습

이불을 펼친 모습

차박을 하면 사랑하는 사람과 멋진 풍경을 누리며 추억을 쌓고 낭만을 느낄 수 있다. 연인이 함께한다면 더욱 그럴 것이다. 각자의 침낭에서 따로따로 자는 것보단 포근한 이불 속에서 꼭 껴안고 자는 게 더 낭만적이지 않을까. 그렇다면 베개도 하나만 챙겨야 하나?

Check Point 3 > 공간이 부족하다면 도킹 텐트

차가 SUV가 아니라서 차박이 망설여진다거나 소형 SUV라서 공간이 좁아 불편하다면 '도킹 텐트'를 사용해보자. 도킹 텐트는 차량 트렁크와 연결하는 차박용 텐트로, 차박 공간을 쉽게 확장할 수 있게 해준다. 조금은 여유로워진 공간에서 2명이서 너끈히 차박을 할 수 있다. 다만 딱 붙어 자야 한다(좀 서먹해진 부부라면 이번이 가까워질 수 있는 기회). 도킹 텐트 설치가 번거롭다고 생각한다면 10분이면 간단히 설치할 수 있는 원터치 도킹 텐트도 있다. 하지만 여름에는 모기 정도는 각오해야 한다. 그만큼 틈이 많다는 얘기다.

도킹 텐트를 사용할 경우 차박의 가장 큰 장점인 기동성이 떨어진다. 도킹 텐트를 설치하는 가장 큰 이유는 한여름 더위 때문이다. 키가 큰 사람이 사용하면 편하지만 반드시 갖춰야 할 필수품은 아니다. 설치하고 접는 게 귀찮아 한두 번 사용하다 마는 경우가 허다하다.

도킹 텐트를 연결한 모습

영하 10도를 오르내리는 한겨울에도 차박은 가능하다. 대신 난방용품이 필수다. 혹자는 극동계 침낭만 있으면 난방기구가 필요 없다고 하지만, 차박을 위해 30만 원 내외의 극동계 침낭을 덜컥 구매하기는 망설여진다. 다른 방법을 찾아야 한다.

공간이 넓을수록 내부 온도를 올리는 데 시간이 걸린다. 중형, 소형 SUV는 대형 SUV에 비해 공간이 작다. 다시 말하면 차량 내 온도를 유지하기가 유리하다는 말이다. 너무 추워 잠깐 시동을 걸고, 히터를 틀면 금세 따뜻해진다. 만약 전기를 사용할 수 있는 시설에서 차박을 하는 경우라면 전압이 낮은 소형 전기 히터를 추천한다. 가격은 3만 원대부터 있다. 문화체육관광부가 2016년 4월부터 시행 중인 '야영장업 등록업무 처리 지침'에 따르면 캠핑장 사이트당 최대 전기 사용량은 600w다. 사실상 크기가 작은 전기 히터(5만 원 내외)만 사용할 수 있다. 이렇게 작은 히터는 열량도 작아 넓은 공간을 데우는 덴 한계가 있다. 사실상 중형 SUV가 마지노선이라고 볼 수 있다.

만약, 동계 차박을 계획한다면 1만mAh 이상의 보조 배터리와 2만 원 내외의 USB 전기 방석을 준비할 것을 추천한다. 전기 방석이 일반 전원을 사용하는 전기요만큼 뜨겁진 않지만 침낭 안에서 핫팩과 같이 쓰면 미지근하나마 등을 따뜻하게 데워준다. 한겨울에 이만 한 아이템이 없다.

전기차의 경우, 일반 내연기관 차량보다 전기를 사용하는 것이 자유롭다. 특히 난방용품을 많이 사용하는 겨울에 전기차의 장점은 더욱 빛이 난다. 내연기관 차량은 시동을 걸어야 히터를 사용할 수 있지만 전기차는 전원만 켜면 전기를 사용할 수 있어 소음과 진동 없이 히터를 켤 수 있다. 가스가 필요한 난방기구를 사용하지 않아도 훈훈한 실내 공기를 느낄 수 있고 일산화탄소 중독 걱정 없이 잠들 수 있으니 얼마나 환상적인가.

캠핑을 가면 보통은 바비큐 재료 등을 싸들고 가서 직접 요리를 해먹는다. 차박에선 간단한 취사도 하지만 차박지에 가는 길에 있는 맛집에서 식사를 해결할 수도 있다. 지역 맛집에 가기 위해 차박을 하는 경우도 있을 정도다.

취사가 가능한 차박지도 있지만 대부분의 노지에선 화기 사용이 불가능하다. 만약 화기 사용이 가능하고 요리를 할 수 있다면 지역 특산물이나 시장에서 식재료를 구입할 것을 권한다. 그게 안된다면 지역 맛집에서 식사를 하거나 포장을 해서 차에서 먹는 방법이 있다. 이렇게 차박은 지역 경제 활성화에도 기여한다. 어디를 여행하든 현지의 특징이 드러나는 음식을 먹어보자. 여행에서 누릴 수 있는 최고의 즐거움은 현지 맛집에서 로컬 음식을 맛보는 것이 아닐까.

당진 차박지에서 먹은 별미 실치회

04 차박 장소 선택 노하우

1 초보에게 맞는 차박지를 고르자

차박 초보자에게 장소 선정은 어려운 문제다. 텐트를 설치하고, 지금까지 사 모은 장비를 진열해 놓고 여가를 즐기는 캠핑과 달리 차박은 장소가 중요하다. 장소만 정한다면 별다른 장비 없이도 갈 수 있다. 하늘을 이불 삼고, 산을 베개로 베고 누우면 된다. 단, 차 안에서다.

색다른 경험을 위해선 차박지의 풍광이 중요하다. 멋진 풍광은 차박지 장소 선정에 있어 조건 1순위가 되기도 한다. 멋진 뷰를 즐기기로 마음먹었다면 그 다음에는 어떤 풍경을 즐겨야 할지 정해야 한다. 탁 트인 바다를 볼 것인지, 산에서 맑은 공기를 마시며 힐링할 것인지 혹은 화려한 도심의 야경을 즐길 것인지를 선택해야 한다. 우연히 마주친 아름다운 풍경을 보면 차를 세우고 밤새 머물고 싶은 마음이 굴뚝같겠지만 무턱대고 아무 곳에나 자리를 잡으면 안 된다. 전국 도립, 시립, 군립공원과 국유림, 임도, 사유지, 해안 방파제 등에선 야영 · 취사가 불가능하다. 힐링하러 갔다가 여차하면 범법자가 될 수도 있다.

TIP │ 차박지 결정할 때 1순위, 화장실 체크

장소를 정했다면 그 다음 조건은 뭐니 뭐니 해도 화장실이디. 편의시설과 화장실은 차박할 때 중요한 부분이다. 아무리 멋진 곳에서 차박을 한다 해도 주변에 화장실이 없거나, 혹은 있어도 없는 것만 못한 열악한 환경이라면 초보 차박러에게는 최악의 기억으로 남을 수 있다.

노지의 경우 화장실이 잘 갖춰진 차박지보다 화장실이 없는 곳이 더 많다. 그렇기에 노지 차박을 할 때에는 휴대용 변기를 준비하거나 걸어서 5분 이내 거리에 있는 화장실을 이용해야 한다. 화장실에 예민하거나 볼일을 자주 보는 차박러라면 차박지를 선정할 때 1순위로 화장실이 있는 곳을 고려해야 한다.

차박지의 화장실

화기 사용 여부(불멍, 취사 가능 여부) 확인하기

자연에서 맛있는 음식을 즐기는 것은 차박의 묘미 중 하나다. 숲 속 나무 사이로 살랑살랑 불어오는 신선한 바람을 맞으며 그릴에서 완성되는 바비큐를 먹는 일은 누구나 꿈꾸는 힐링일 것이다. 차박의 낭만, 타닥타닥 모닥불 소리를 들으며 불멍을 즐기는 일 또한 차박에서 빠질 수 없는 재미다. 그러나 반드시 주의해야 한다. 사전 정보 없이 장작과 그릴을 들고 야심차게 준비하고 떠났다간 아무것도 못 하고 그대로 들고 돌아와야 하는 수가 있다. 화기 사용이 금지된 차박지가 많기 때문이다. 한적한 노지나 해변에서 종종 불을 피운 흔적을 발견하면 눈살이 찌푸려진다.

불을 피울 수 있는 곳은 지정되어 있다. 사유지, 하천은 물론 노지나 바닷가에서 불을 피우는 것은 불법이다. 화로대가 있어도 마찬가지다. '안 걸리면 그만이지'라고 생각할 수도 있지만 규칙을 지키고 다음 사용자를 배려하는 마음은 차박의 기본 에티켓이다. 최근 한강공원, 주차장 등에서 도심 차박을 즐기는 이들을 목격할 수 있다. 스텔스 차박은 가능하지만 취사는 금물이다. 나에겐 여행지일지 몰라도 지역 주민에게는 삶의 터전이다. 캠프파이어와 불을 이용한 요리를 즐기고 싶다면 아예 캠핑장을 예약하거나 차박지를 검색하여 화기 사용 여부부터 확인해야 한다.

차박지 인근 10분 이내 편의시설 정보 체크하기

경치 좋고 물 좋은 곳으로 다니다보면 자연스레 편의시설과는 거리가 멀어질 수밖에 없다. 그래서 도심과 너무 멀리 떨어진 장소는 추천하지 않는다. 차박의 경우 야외활동이기 때문에 어떤 위급상황이 발생할지 모르기 때문이다. 병원, 약국, 편의점 등 주변 편의시설의 위치 정도는 알고 가는 것이 좋다. 챙겨온 물이 떨어져 생수를 급하게 사야 하는 경우도 있고, 갑자기 복통이 찾아올 수도 있다. 배고픔을 달래줄 주변 맛집을 알아두는 것도 좋다.

 2 │ 차박지 선택 노하우

구성원별(가족, 연인 vs 솔로, 친구)

화장실에 민감한 여성과 아이를 동반한 차박러라면 오토캠핑장을 추천한다. 전기 사용이 자유롭고 화장실 이용도 부담 없다. 모닥불을 피워 캠프파이어를 할 수 있고 눈과 입이 즐거운 캠핑 요리를 즐기는 것도 가능하다. 비교적 쾌적한 차박을 즐길 수 있다. 가족, 연인과 즐겁고 재미있는 추억을 쌓고 싶다면 오토캠핑장으로 떠나보자.

허물없이 친한 친구와 함께이거나 홀로 차박을 떠날 예정이라면 편안함보다 특별함을 추구하는 것은 어떨까? 울창한 나무와 시원한 바람, 고요한 바다와 파도소리. 모든 자연의 소리와 향기를 온 몸으로 느낄 수 있는 숨겨진 스팟, 노지로 떠나보자. 짐을 싸고 풀 필요도 없다. 친구와 밤새 이야기를 나누다가 아침을 맞이해보자. 자연이 주는 고요함을 혼자 느끼는 것도 좋다.

장소별(산 vs 바다)/계절별(여름 vs 겨울)

하늘에서 쏟아지는 별이나 은하수를 보고 싶다면 산으로 떠나자. 선루프가 설치된 차라면 최고의 선택이다. 여름 차박을 할 예정이라면 더욱 추천한다. 산이라면 여름에도 시원하다.

일출, 일몰을 즐기고 싶다면 바다를 선택하자. 눈 뜨자마자 일출을 볼 수 있다. 피서객들로 북적이는 여름철보다 겨울에 바다를 방문하면 여유롭게 바다를 즐길 수 있다. 향기로운 커피한 잔과 함께 해안가를 산책하면 천국이 따로 없다. 겨울 바닷바람은 산바람보다 푸근하다.

다만, 산이나 계곡에는 무료 차박지가 거의 없다. 차박이 가능한 노지가 있다 하더라도 화장실이 없는 경우가 많다. 거기다 산은 한여름이라도 밤공기가 차다. 쌀쌀한 밤공기에 단단히 대비하고 가야 한다. 벌레에 물릴 수 있으니 벌레 퇴치제와 예방 스프레이도 필수품이다. 반면 해변에는 공용 화장실이 갖춰져 있는 경우가 많다. 많은 이들이 바다나 강 근처를 입문용으로 추천하는 이유다.

3 차박 초보는 오토캠핑장/차크닉/차박 명소부터 도전

오토캠핑장

차박이 처음이거나 가족과 함께라면 오토캠핑장을 추천한다. 우선 화장실, 샤워실 등의 편의시설이 잘 갖춰져 있다. 원하는 대로 물을 사용할 수 있고 취사도 가능하다. 차박의 첫 기억이 달콤해야 계속해서 차박을 즐길 수 있다. 장소를 정할 때 위성지도와 로드뷰로 정탐하고, 인근을 지날 때 차박지를 선정하고, 방문하는 것은 중급자 이상의 스킬이 필요한 방법이다.

차크닉

차에서 하룻밤 자는 게 걱정된다면 집에서 1시간 이내에 갈 수 있는 거리에서 차크닉을 하는 것을 추천한다. 차박 중에 갑자기라도 집으로 돌아올 수 있다.

차박 초보자라면 비교적 잘 알려진 차박 명소, 이른바 차박 성지를 선택하는 편이 안전하다. 차박 명소는 이미 차박러들이 인증한 곳이고 정보를 찾기 수월하다. 주차가 가능한지, 화장실과 개수대는 가까이 있는지, 취사가 가능한지 등의 정보를 찾느라 씨름하지 않아도 된다. 다만, 많은 사람들이 찾는 만큼 고요함과 여유로움을 기대하기는 어렵다. 타인을 배려하는 차박 에티켓도 철저히 지켜야 한다.

막상 차박을 떠나려고 체크 리스트를 만들어보면 차박이 마냥 쉬워 보이진 않을 것이다. 많은 이들이 꿈꾸는 화기 사용도 가능하고, 화장실도 쾌적하고, 편의시설도 가까운 '완벽한' 차박지를 찾기는 쉽지 않다.

사실, 차박지를 찾는 가장 좋은 방법은 집과 같은 편안함을 버리는 것이다. 편안한 차박의 조건을 버리면 앞서 말한 완벽한 차박지의 체크 리스트에서 대부분을 지울 수 있다.

차박은 호캉스와는 다르다. 편안한 잠자리는 포기해야 한다. 화장실을 가기 위해 5분을 걸어야 하고, 벌레의 습격을 받기도 한다. 때로는 더위와 추위와도 싸워야 한다. 차박의 불편함을 인정한다면 나에게 맞는 차박지를 쉽게 만날 수 있다. 장소 하나를 찾기 위해 여러 가지 조건을 검색하고 정보를 찾는 수고를 하지 않아도 된다.

화려한 캠핑 음식을 즐기고 불멍을 하는 것만이 차박의 재미는 아니다. 바람을 안주 삼아 가볍게 맥주를 마시고, 불멍 대신 자연의 고요한 어둠을 즐기는 것 또한 도심에서는 느낄 수 없는 재미. 블루투스 스피커의 음악 소리를 새소리와 물소리로 대신해보자. 차박의 불편함이 이색 경험이 될 것이다.

Part 2

차박이 가능한 차량

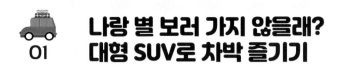

나랑 별 보러 가지 않을래?
01 대형 SUV로 차박 즐기기

차박 인기에 편승한 백점 만점 아이템, 대형 SUV

2018년 12월, 국내 자동차 시장에 혜성과 같이 등장하여 선풍적인 인기를 끈 차량이 있으니, 바로 현대자동차의 팰리세이드다. 팰리세이드는 교통 정체와 부족한 주차 공간 때문에 대형 SUV에 대한 사람들의 관심이 덜한 시기에 등장해 대형 SUV 소비를 촉진한 선봉장이랄 수 있다. 미니밴을 대체할 수 있을 만큼 넉넉한 공간과 적재 용량은 소비자의 관심을 끌기에 충분했다. 2019년에는 쉐보레 트래버스가 등장했고, 최근에는 기아 모하비와 쌍용자동차 렉스턴이 부분 변경으로 돌아왔다. 프리미엄 수입 브랜드들도 앞 다투어 대형 SUV를 출시하고 있다.

지난 몇 년간 국내 시장에서 인기를 끈 SUV 세그먼트는 단연 중형이었다. 오래된 아파트 주차장에도 세울 수 있는 적당한 크기와 가격, 그리고 안전장비가 매력적이기 때문이다. 그러나 도심에서 출퇴근으로 사용하는 것 외에 휴일에는 캠핑, 차박을 즐기는 레저 용도로 자동차가 부각되면서 넓은 공간을 갖춘 대형 SUV의 장점이 강조되기 시작했다.

쉐보레 트래버스 안에 성인 두 명이 넉넉하게 앉을 수 있다.

차박의 낭만을 모르는 이들은 차에서 잠을 잔다고 하면 왠지 '궁상맞다'는 선입견을 가질 수 있을 것이다. 그러나 한 번이라도 대형 SUV에서 차박을 경험해본 사람은 그 매력에 푹 빠져 헤어 나오지 못한다. 대형 SUV의 넉넉한 공간은 성인 두 명을 넉넉히 품는다. 차에서 누워 영화를 볼 수 있는 것은 물론 앉아서 와인을 마실 수도 있다.

성인 두 명이 어깨를 부딪치지 않고 잠을 자려면 실내 폭이 최소 1300mm는 되어야 한다. 대부분의 대형 SUV의 폭은 1500mm 이상으로 성인 두 명의 어깨가 닿지 않을 정도로 여유롭다. 2열까지 폴딩하면 길이가 1800mm를 상회하는 모델이 대부분이라 두 발을 쭉 뻗을 수도 있다.

하지만 아파트 생활권이 대부분인 도심 거주자들에게 전폭이 2m에 육박하는 대형 SUV는 주차장의 포식자처럼 느껴질 수도 있다. 주차장 공간을 고려하지 않고 무턱대고 대형 SUV를 구입했다간 낭패를 볼 수도 있다. 차박은 한순간이고 주차는 일상이다. 나 하나 편하자고 남에게 피해를 줄 순 없는 노릇이다.

대형 SUV에서는 평탄화만 잘하면 꿀잠이 보장된다.

은은한 가죽 냄새와 드넓게 펼쳐진 파노라마 선루프를 자랑하는 볼보 XC90

별을 따다 줄게!

볼보 대형 SUV인 XC90에 누워 차박을 할 때였다. 드넓게 펼쳐진 파노라마 선루프에 하늘이 맞닿아 있고, 밤하늘 별이 쏟아졌다. 5성급 호텔 침대에서는 볼 수 없는 광경이었다. 비가 오는 날에는 빗방울 떨어지는 소리가 한 편의 오페라가 된다. 차 안을 은은하게 맴도는 기분 좋은 가죽 냄새까지 올라오면 특급 호텔 객실이 부럽지 않다. 앰비언트 라이트는 별도의 조명장치가 없어도 감성적인 분위기를 만들어주는 완소 아이템이다. 별 볼일 없는 도시를 떠나 우주 한가운데에 존재하는 나를 경험하고 싶다면 앰비언트 라이트를 추천한다.

대형 SUV는 넓은 공간을 갖추기도 했지만 아기자기한 수납공간도 매력적이다. 최근 출시된 대형 SUV는 필수적으로 3열로 구성되어 있다. 탑승 공간으로 3열을 활용하는 소비자는 많지 않지만 3열을 위해 마련된 컵홀더, 수납공간, USB 포트 등은 차박을 할 때 유용하다. 잠을 자기 전 스마트폰, 블루투스 이어폰과 같은 모바일 기기를 충전하거나 수납할 수 있고, 안경 같이 부서지기 쉬운 물건도 수납할 수 있다.

이번 주말, 당장 차박에 도전해 볼까?

한 번도 안 해본 사람은 있어도 한 번만 할 순 없다는 차박. 이번 주말에 대형 SUV를 빌려 차박을 떠나보자. 이불과 베개만 챙기면 된다. 여기에 무엇을 더 준비하랴. 현지 맛집에서 힐링하면 되지. 별이 쏟아지는 밤하늘을 보며 지인과 해가 뜰 때까지 이야기를 나눠보자. 잊지 못할 추억이 될 것이다.

이번 주말에도 대형 SUV를 타고 떠날 계획이다.

차박에 최적화된 대형 SUV는?

차박을 할 때 SUV의 크기는 상관없지만, 역시 중대형 SUV의 인기가 좋다. 우리는 '차박에 최적화된 대형 SUV'라는 주제로 온라인 설문을 실시했다(설문기간 : 2020년 12월 24일~12월 29일, 응답자 2500여 명).

내가 제일 큰데 뭔소리..쉐보레 트래버스 39%

유일 V6에 프레임바디 원조.. 기아 모하비 10%

진작 이렇게 만들지..쌍용 신형 렉스턴 15%

대형 SUV 판매 내가 일등이야..현대 팰리세이드 37%

국내에서 현재 판매되고 있는 국산 대형 SUV 차량인 현대자동차 팰리세이드, 기아 모하비, 쌍용자동차 렉스턴, 쉐보레 트래버스로 후보군을 구성했다. 쉐보레 트래버스는 수입 차량이지만 한국GM에서 판매를 맡고 있어 포함시켰다.

1위 싸움은 초접전이었지만 예상 외로 쉐보레 트래버스가 39%의 선택을 받아 1위를 차지했다. 트래버스는 후보군 중 크기가 가장 크다. 전장 5200mm, 전폭 2000mm, 전고 1785mm, 휠베이스 3073mm다. V6 3.6L 자연흡기 엔진으로 부드러운 주행 질감이 장점이다.

국내에는 2열 캡틴 시트만 수입된다. 가운데 빈 공간만 잘 메운다면 5성급 호텔처럼 차박을 할 수 있다. 2열까지 폴딩하면 적재 용량은 최대 2780L고, 2열 도어 포켓과 3열 컵홀더에 소지품을 수납할 수 있다.

많은 응답자들이 "길이가 길고 폭이 넓어 차박하기에 정말 편하다."며 "차박에 있어 가장 중요한 요소는 평탄화뿐 아니라 차의 크기."라고 트래버스를 선택한 이유를 밝혔다.

2열과 3열을 접으면 광활한 공간이 생긴다.

현대자동차 팰리세이드

2위는 37%가 선택한 현대자동차 팰리세이드다. 우리나라 도심의 주차공간은 좁고 골목길이 많아 대형 SUV는 인기가 없었는데, 팰리세이드의 등장과 함께 국내 대형 SUV 시장은 활기를 띠게 되었다. 대형 SUV가 멀게 느껴졌던 것은 비싼 가격도 한 몫 했다. 하지만 팰리세이드는 넓은 공간은 물론 국내 소비자들이 선호하는 옵션들을 대거 추가하여 국산차의 이점을 제대로 살렸다. 한 응답자는 "실내가 고급스러워 감성 차박을 할 때 정말 좋을 듯하다."며 팰리세이드를 선택한 이유를 밝혔다.

3위는 15%의 선택을 받은 쌍용자동차 렉스턴이다. 렉스턴은 2020년 11월에 그간 부족했던 디자인과 편의 사양들을 대폭 개선한 부분 변경 모델을 발표하였다. 라디에이터 그릴을 교체하여 기존의 보수적 이미지를 바꾸는 데 성공했다. 렉스턴의 외관은 우람한 이미지를 풍긴다. 유압식이었던 스티어링 휠을 전자식으로 교체하고 변속기역시 8단으로 업그레이드했다. 주행보조 시스템과 전자식 기어 변속기로 교체하면서 수납공간도 넉넉해졌다.

쌍용자동차 렉스턴 더 블랙

렉스턴은 2열 더블 폴딩이 가능하다. 다만 길이가 아쉽다. 다른 차와 같은 방법으로 차박을 하면 평탄화 작업이 쉽지 않다. 응답자들은 "미니밴처럼 더블 폴딩이 가능해 짐칸을 넓게 사용할 수 있다."며 "다만 7인승은 해당 방법을 쓸 수 없는 게 아쉽다."고 했다.

기아 모하비는 10%의 지지로 최하위에 그쳤다. 모하비는 국내에서 유일한 V6 디젤에 바디 온 프레임이 적용된 차량으로, 마니아층의 사랑이 지극하다. 모하비 역시 평탄화 작업을 거쳐야 차박을 편하게 할 수 있다. "설문에 오른 후보 중에서 오프로드에 가장 강점을 보이는 차가 모하비."라면서 "차박은 오지에 가서 해야 제 맛."이라는 의견이 눈길을 끌었다.

모하비 더 마스터

　　대형 SUV는 공간 면에서 확실한 강점이 있다. 크기가 제일 큰 트래버스가 가장 많은 선택을 받아 차박에는 차량의 크기가 가장 중요하다는 것을 알 수 있었다. 다만 바디 온 프레임 차량은 구조상 실내 높이가 낮고 공간이 좁아 선택률이 저조한 것으로 보인다.

가족에겐 최고야, 중형 SUV로 차박 즐기기

02

2020년에 대형 SUV가 인기몰이를 하기 전까지 국내 SUV 시장을 장악하던 모델은 현대자동차 싼타페, 기아 쏘렌토, 르노삼성자동차 QM6로 대표되는 중형 SUV였다. 특히 싼타페는 2018년 10만 7,202대가 판매되어 SUV 최초로 '연 10만 대 클럽'에 이름을 올리기도 했다. 2019년에도 8만 6,190대를 팔아 2년 연속 베스트셀링 SUV로 자리매김했다. 그래서 쏘렌토는 가장 사랑받는 중형 SUV로 꼽힌다. 싼타페는 2020년 3월에 풀 체인지 모델을 선보였고 그해 8만 대 넘게 팔렸다. 결론적으로 국내 차박에서 가장 많이 활용될 최애템은 중형 SUV이라는 것을 알 수 있다.

기아 쏘렌토의 2열을 폴딩한 모습

성인 두 명도 넉넉한 중형 SUV

여러 차종으로 차박을 해보고 느낀 점은 중형만 되어도 성인 두 명이 눕기에 공간이 충분하다는 것이다. 2열을 폴딩하고 누웠을 때 폭이나 길이 모두 적당하다. 만약 키가 185cm 이상이거나 어깨가 태평양인 수영선수 정도라면 좁다고 느낄 수 있겠지만 대한민국 평균 키(남성 173cm 내외, 여성 161cm 내외)보다 좀 더 큰 정도라면, 중형 SUV면 충분하다. 성인 남녀 두 명이 누우면 넉넉하기까지 하다.

차박의 가장 큰 매력은 내가 원하는 곳이 내 잠자리가 된다는 점이다.

차박을 하면 비가 오나, 눈이 오나, 바람이 부나 걱정할 필요가 없다. 움직이는 자동차가 바로 숙소이기 때문이다. 추운 겨울이나 폭우가 쏟아지는 여름날에 차박을 할 경우 간식이나 식사를 차 안에서 해결해야 한다. 간단한 배고픔 정도는 간식으로 해결할 수 있다. 하지만 컵라면은 비추다. 혹시라도 쏟아지면 처리하기가 힘들고 좀처럼 차 안에서 냄새가 빠지지 않기 때문이다. 차 안에서 식사를 해결해야 할 경우, 중형 SUV에서 2열 시트를 폴딩하면 천장이 낮아 성인이 앉으면 머리가 닿는다. 이럴 땐 1열을 적극 활용한다. 1열에 나란히 앉아 센터 콘솔에 김밥이나 치킨 같은 간편식을 올려 두고 먹으면 된다. 1열 시트 뒤편에 트레이가 장착된 모델(시트로엥 그랜드 C4 스페이스 투어러, 폭스바겐 티구안 등)이라면 더할 나위 없이 좋다. 최근에는 스티어링 휠에 끼워서 사용하는 트레이 제품(2만 원 내외)도 많이 판매되고 있다. 차량용 테이블(1만 원 내외)로 검색해도 많은 제품을 볼 수 있다.

차량용 핸들 테이블 멀티 트레이 / 1만 4,500원 / 출처 : 나우데코

시트로엥 그랜드 C4 스페이스 투어러

추울 때는 넓은 공간이 독이 될 수 있다

중형 SUV는 대형 SUV에 비해 공간이 좁다. 바꾸어 말하면 차량 실내 온도를 유지하기 쉽다. 시동을 걸어 히터를 틀면 금세 후끈해진다. 영하 5도가 넘어가는 한겨울에 차박을 하려면 난방용품이 필수다. 혹자는 좋은 침낭만 있으면 난방기구가 필요 없다고 하지만 차박을 즐기려고 30만 원 내외의 극동계용 침낭을 덜컥 구입하는 것은 부담이다. 전기 사용이 부담스러운 차박에서는 미니 히터, 무시동 히터가 대중적인 난방용품으로 꼽힌다.

공간이 넓을수록 난방용품으로 실내 온도를 올리는 데 시간이 오래 걸린다. 넉넉한 실내 공간이 난방에는 오히려 단점이 된다. 크기가 작은 전기 히터(5만 원 내외)를 사용할 경우 내부 온도를 올리는 데 약 2시간가량이 소요된다. 큰 공간을 빨리 데우는 덴 한계가 있다. 중형 SUV가 마지노선이다. 만약, 동계 차박을 계획 중이라면 대형 SUV보다는 중형 SUV를 선택하는 것이 더 나을 것이다.

지금 당장 떠나자! 차박의 매력

코로나 블루에 지친 당신, 당장 떠나자! 온 가족이 해마다 가던 식상한 여행에서 벗어나 색다른 여행으로 추억을 만들어보자. 사람 북적거리는 도시를 떠나 우리 가족만의 힐링 여행지로 어디든, 지금 당장, 떠나면 된다.

차박에 맞는 중형 SUV는?

(위부터) 기아 쏘렌토, 르노삼성 QM6, 현대 싼타페

차박에 최적화된 중형 SUV 선호도를 선택하는 조사에서 이변이 나왔다. 르노삼성 QM6가 전통의 인기 차종인 현대자동차 싼타페를 제친 것이다. 차박에 한해선 QM6의 활용도가 더 좋다는 것을 입증한 셈이다.

자동차 커뮤니티 카가이(carguy.kr)에서는 2020년 12월 카가이 유튜브 구독자 약 7만 5,000명을 대상으로 5일간 '차박에 맞는 중형 SUV'라는 주제로 온라인 설문조사를 했다. 설문에는 약 2,000여 명이 참여했는데 자동차를 좋아하고 구입력 있는 만 25~54세가 전체 응답자의 83%를 차지했다. 이

중 남성의 비율은 96%였다. 복수 선택은 불가능하도록 했다.
선택지는 현재 판매 중인 국산 중형 SUV를 대상으로 했다. 현대자동차 싼타페, 기아 쏘렌토, 르노삼성자동차 QM6 등으로 모두 인기가 많은 모델이다. 아울러 별다른 경쟁 차량 없이 독점적인 인기를 누리고 있지만 차박용으로는 불편한 기아 카니발을 추가했다.

기아 쏘렌토 후면부

1위는 기아 쏘렌토다. 전체 응답자의 절반에 가까운 47%가 선택했다. 2020년 3월 출시된 4세대 완전 변경 모델은 전장 4810mm, 전폭 1900mm로 동급 최고 크기를 자랑한다. 쏘렌토를 선택한 응답자는 "차박을 하려면 일단 차가 커야 편안하다."고 말했다. 쏘렌토는 완전 변경 모델을 출시한 후 판매량에서 싼타페를 완전히 제쳤다. 2020년 여름 싼타페 역시 부분 변경을 했지만 힘을 쓰지 못하는 상태다.

2위는 28%가 선택한 르노삼성자동차 QM6다. QM6는 정숙성과 가성비를 앞세워 인기 있는 모델이다. 가솔린 모델의 경우 평탄화가 완벽하지 않아 차박용으로는 불편하지만 LPG 모델은 차박을 하기에 안성맞춤이다. LPG 도넛 봄베가 위치하여 바닥이 평평하다. "전시장에서 LPG 모델의 바닥이 평평한 것을 보고 차박을 하기 위해 구입을 결정했다."는 응답자도 있었다.

QM6, 캠핑에도 어울린다.

7인승 모델은 차박에 적합하지 않다.

3위는 기아 카니발로 15%를 차지했다. 카니발 역시 4세대 모델을 출시하면서 엄청난 인기를 끌고 있다. 2020년 10월에는 1만 대가 넘는 판매량을 기록하면서 넘을 수 없을 것 같았던 그랜저 판매량을 제쳤다. 11월에도 1만 대에 가까운 판매량을 보이며 인기를 이어나갔다. 카니발은 크기도 크고 짐도 많이 실을 수 있지만 차박용으로 사용하기에는 다소 불편하다. 특히 가장 중요한 시트 평탄화에서 카니발은 젬병이다. 이런 이유로 "카니발은 캠핑에는 맞지만 차박에는 적합하지 않다."며 "특히 7인승 모델은 개조하지 않으면 아예 차박이 불가하다."는 반대 의견도 꽤 있었다.

현대자동차 싼타페 부분 변경 캘리그래피

4위는 의외로 현대자동차 싼타페가 차지했다. 단 9%만이 선택했다. QM6보다 큰 편이지만 부분 변경을 하면서 비호감이 된 디자인 때문에 눈 밖에 난 것으로 보인다. 한 응답자는 "부분 변경을 하면서 오히려 디자인이 후퇴했다."며 "어차피 같은 형제 차량이니 크기가 더 큰 쏘렌토를 선택하는 게 낫다."고 말했다.

차박용 차량의 선택 기준은 '크기'와 '평탄화 가능성'이다. 아울러 디자인 또한 차량 선택의 중요한 요소라는 점을 중형 SUV 선호도 조사에서 확인할 수 있었다.

연인에겐 딱, 소형 SUV로 차박 즐기기

우리나라 사람들은 대체로 큰 차를 좋아한다. 차를 남들에게 보여주거나 자신의 부를 나타낼 수 있는 사회적 가치로 생각하는 경향이 강해서 그렇다. 실제 판매량을 살펴봐도 그렇다. 현대자동차 그랜저, 기아 카니발 같이 큰 차들이 판매량 상위권에 속한다. 이런 와중에 새로운 트렌드로 등장한 소형 SUV가 젊은 층에게 인기를 끌고 있다. 주차가 쉽고, 연료비도 적게 드는, 이른바 가성비가 좋기 때문이다.

차박용으로 인기를 끄는 소형 SUV 중에는 쉐보레 트랙스가 있다. 트렁크 용량이 크고 전고(자동차의 높이)가 높다. 가장 큰 장점은 2열 시트가 180도 폴딩이 가능한 풀 플랫 차량이라는 점이다.

그 다음은 같은 제조사의 트레일 블레이저다. 트레일 블레이저는 장거리 여행을 떠나기에도 충분한 내구성을 지닌 차다. 소형 SUV 중에서는 내부 공간이 긴 편에 속한다. 1열 시트를 앞으로 밀지 않아도 키 180cm 성인이 눕기에 무리가 없다. 옵션으로 선루프까지 설치되어 있다면 차박의 낭만을 높일 수 있을 것이다.

사진 : 노대검

차박은 원하는 장소에서 얼마든지 가능하다!

쉐보레 트랙스

티볼리 에어의 마이 매직 스페이스

성인 남성 4명이 캠핑과 차박을 하기 위해
꾸린 장비가 다 실린다.

쌍용자동차의 티볼리 에어는 '마이 매직 스페이스'(My magic space)'를 슬로건으로 내세운 만큼 실내 공간이 넓다. 적재 공간이 충분하여 짐을 많이 실을 수 있고, 성인 두 명이 차박을 할 정도로 공간이 넉넉하다.

동급 최고의 적재 공간을 가진 트레일 블레이저

혼자라면 충분해! 소형 SUV

사람들과 어울리지 않고 혼자만의 시간을 누리고 싶다면 차박만 한 것이 없다. 혼자 또는 둘이서 훌쩍 떠나 여유를 즐기며 밥을 먹고 잠을 잘 수 있다. 공간이 좁다고? 혼자라면 얘기가 달라진다. 혼자서 소형 SUV에서 차박을 한다면 공간 따위는 신경 쓰지 않아도 된다. 둘이라도 어깨를 마주할 정도로 친밀한 사이라면 공간은 문제가 안 될 것이다.

차가 작으면 옵션이 부족하다는 것은 옛말이다. 없는 편의 장비를 찾는 게 어려울 정도다. 2020년 10월 현대자동차가 출시한 코나 부분 변경 모델은 후면에 LED 방향 지시등까지 달렸다. 중형차 최고 트림(장식이라는 의미의 영어 trim에서 온 것으로 자동차의 옵션 사양을 말한다)에 버금간다. 차가 작으면 유지비가 적게 들고 좁은 길을 지나가기도 쉽다. 트레일 블레이저와 XM3의 배기량은 1300cc 정도다. 배기량으로만 세금을 매기는 우리나라에서 이보다 더 좋은 조건도 없다.

선택지도 다양하다. 최근 제조사들은 준중형 세단을 단종하고 소형 SUV에 집중하고 있다. 현대자동차 코나와 베뉴, 기아 셀토스와 스토닉, 니로, 쉐보레 트렉스와 트레일 블레이저, 르노삼성 XM3와 캡처, 쌍용자동차 티볼리까지 다양하다. SUV 중에선 가장 선택지가 많다. 무려 10종에 달한다.

4륜 소형 SUV라면 좁고 험한 길을 가는 것도 어렵지 않다.

작은 크기로 이리저리! 움직임도 수월해

공간이 좁으면 주차하기가 불편할 수 있다. 하지만 소형 SUV라면 좁은 공간에도 얼마든지 주차가 가능하다. 좁은 골목길도 쉽게 지나간다. 초보자가 운전하기에 안성맞춤이다.

소형 SUV는 공유나 렌트를 하기도 쉽다. 렌트 차량으로 소형 SUV가 많아 필요할 때 렌트하는 것이 용이하다. 물론 비용도 저렴하다. 카 셰어링을 이용한다면 소형 SUV는 언제 어디서든 OK다.

시작이 어렵다면 커뮤니티 방문부터!

본격적으로 차박을 하고 싶다면 차박 정보가 많은 카페와 동호회 방문은 필수다. 최근 급격하게 늘어난 차박족들이 상세한 리뷰를 올려놨다. 차량 평탄화 방법부터 잠자기 좋은 환경까지, 없는 내용이 없다. 차박 용품에 대한 리뷰도 많이 올라와 있으니 참고하자.

공간이 부족하다면 도킹 텐트를 활용하자

트렁크에만 머물기 답답하다면 도킹 텐트를 사용하면 된다. 캠핑 분위기를 낼 수 있다. 비바람을 막아주는 것은 물론, 차 안에서는 불편한 취사도 어느 정도 가능하다. 차 트렁크에 간단히 연결하기 때문에 설치도 간편하다. 의자, 테이블, 야전침대 등을 놓는다면 세컨드 하우스도 부럽지 않다. 군이 으리으리한 집이 필요할까? 움직이는 나만의 세컨드 하우스를 타고 어디로든 떠나보자.

차박에 최적화된 소형 SUV는?

차박 가능 여부는 요즘 SUV를 구입하는 소비자들이 가장 많이 따져보는 요소 중 하나다. 무조건 대형 SUV라야 차박이 가능한 것은 아니다. 작은 차도 얼마든지 가능하다. 공간이 좁더라도 평탄화만 한다면 차박은 그렇게 어렵지 않다. 한겨울만 아니면 도킹 텐트를 설치해서 공간을 넓힐 수도 있다. '차박에 최적화된 소형 SUV'라는 주제로 온라인 설문을 실시했다(2020.12.31~2021.1.05)

> 내가 젤 커..쉐보레 트레일블레이저 41%
>
> 못 생겨도 엄청 크다..쌍용 티볼리 에어 13%
>
> 쿠페 정도는 돼야 차박 맛이 나지..르노삼성 XM3 15%
>
> 내가 이상하게 생겼다고..현대 코나 5%
>
> 역시 내가 소형급에선 최고지..기아 셀토스 27%

선택지는 현재 국내에서 판매되고 있는 국산 소형 SUV다. 경쟁이 치열한 만큼 차량도 다양해 브랜드별로 한 종류씩, 주요 차종을 후보로 꼽았다. 대상은 현대자동차 코나, 기아 셀토스, 쌍용자동차 티볼리 에어, 르노삼성자동차 XM3, 쉐보레 트레일 블레이저다.

1위는 쉐보레 트레일 블레이저로, 무려 41%의 선택을 받았다. 트레일 블레이저는 한국GM이 오랜만에 발표한 신차로, 동급에서 가장 큰 크기(쿠페형 SUV인 XM3 제외)가 특징이다. 전장 4425mm, 전폭 1810mm, 전고 1660mm, 휠베이스 2640mm다. 다운사이징 1.35L 엔진을 적용하여 자동차세도 저렴하다. 여기에 저공해 3종 인증을 받았다. 경쟁 차량과 비교하여 유지비 면에서 월등히 좋다.

트레일 블레이저를 선택한 응답자는 "동급에서 디자인도 가장 훌륭하고 차박하기에도 무리가 없는 크기."라며 "유지비가 적게 드는 것도 트레일 블레이저를 선택하게 된 이유."라고 밝혔다.

2위는 27%의 선택을 받은 기아 셀토스다. 셀토스는 2019년 하반기에 출시와 동시에 월 판매량 5,000대를 넘기면서 단숨에 소형 SUV 1위에 올랐다. 2020년 상반기 르노삼성 XM3 신차 효과로 잠시 월 판매량 1위를 빼앗기긴 했지만 현재는 독주 체제를 굳히고 있다.

한 응답자는 "가장 많이 팔리는 데는 이유가 있다."며 "공간이 넉넉하진 않지만 연인들이 차박하기에 나쁘지 않은 크기."라는 의견을 냈다.

쉐보레 트레일 블레이저 ACTIV

성인 2명이 차박할 수 있는 기아 셀토스

셀토스 내부는 완전히 평평하진 않다.

르노삼성 XM3

3위는 15%의 선택을 받은 르노삼성자동차 XM3다. XM3는 깨지지 않을 것만 같던 셀토스 판매량의 벽을 부순 차량이다. 다임러와 합작으로 개발한 1.3L 가솔린 터보 엔진은 오너의 만족도를 높였다. 게트락 습식 7단 DCT는 울컥거림을 최소화했다. 연비도 동급에서 가장 좋은 효율을 보인다. 전장 4570mm, 전폭 1820mm, 전고 1570mm, 휠베이스 2720mm로 길이는 가장 길다. 다만 쿠페형 SUV 디자인이라 차체 높이가 낮다. 실내에 앉아 있기 쉽지 않은 구조지만 잠을 자기에는 괜찮다.

"앉아 있을 경우 1열을 이용하면 돼 길이가 가장 긴 XM3가 차박에 좋은 듯하다."는 의견이 상당수였다. 반면 "크기는 가장 크지만 높이가 낮은 것이 불편해 다른 차량을 선택했다."는 의견도 있었다.

티볼리 에어

4위는 쌍용 티볼리 에어(13%)다. 2019년에 티볼리 부분 변경 모델이 발표되면서 티볼리 에어가 자취를 감춘 적이 있었다. 코란도와의 집안싸움을 우려해서다. 티볼리의 판매량이 줄자 쌍용은 다시 티볼리 에어 카드를 꺼냈다. 출시부터 차박 마케팅을 실시했다. 실제로 2열을 폴딩하면 나타나는 1440L의 적재 용량과 188cm라는 길이는 동급을 넘어 준중형급을 넘보게 해준다.

"차박만 생각하면 티볼리가 가장 최고다." "차박은 티볼리다." "티볼리 에어는 트렁크가 넘사벽이다." 등 티볼리 에어에 대한 칭찬은 주로 차박과 관련한 것이 대부분이다.

최하위는 현대자동차 코나가 차지했다(5%). 코나는 후보군 중 크기가 가장 작고, 사실 도킹 텐트가 없으면 차박이 쉽지 않다. 코나는 차박보다는 주행 운동성능이 장점이다.

"어느 정도 크기가 필요하지만 코나는 그렇지 않다." "코나는 차박용으로는 너무 작다." 등 주로 부정적인 의견이 많았다.

현대자동차 코나의 부분 변경 모델

소형 SUV는 가장 경쟁이 치열한 분야지만 차박에서는 역시 크기가 가장 큰 요인으로 작용한다는 것을 알 수 있다. 소형 SUV의 크기가 커져 차박을 하는 데 큰 불편은 없다는 것도 확인할 수 있었다. 트레일 블레이저와 셀토스를 선택한 비율은 70%에 달했다. 설문을 진행할수록 차박의 가장 중요한 기준은 '첫째도 크기, 둘째도 크기'라는 사실을 알 수 있었다.

작은 크기로 이리저리, 경차로 차박 즐기기

차박을 떠나겠다는 생각만 있으면 차의 크기는 중요하지 않다. 소형차는 물론 심지어 경차로 도 차박이 가능하다. 짐을 확 줄인 미니멀 차박이라면 충분하다.

경차는 가격이 저렴하고 유지비도 적게 들어 젊은 소비자들의 지지를 받는 차종이다. 차박이 가능한 국내 경차로는 모닝, 스파크, 레이를 들 수 있다. 해외 차종으로는 혼다 N-BOX, 스즈 키 허슬러 정도가 가능하다. 기아 레이의 경우, 비교적 평탄화가 쉽고 공간이 넓은 편이지만 모닝과 스파크는 레이보다 좀 더 도전정신이 필요한 차종이다.

모든 차박의 핵심은 평탄화이고, 경차라고 다르지 않다. 경차 차박의 시작도 평탄화다. 최대 한 넓은 공간을 확보하는 것이 중요하다. 자동차 커뮤니티에서는 차량별 평탄화 팁을 공유 하기도 한다.

SUV 부럽지 않아, 레이 차박

레이는 경차지만 차박에 특화된 차량이다. '국민 박스카'라는 명성답게 전고가 높아 짐을 많 이 실을 수 있고 개방감도 좋다.

2열 시트가 통째로 폴딩이 가능하고 1열 역시 폴 딩이 쉽다. 운전석, 보조석까지 평면이 가능해 실제로 평탄화가 끝나면 SUV 부럽지 않은 공간 이 마련된다. 운전석까지 폴딩하면 성인 2인, 어 린아이가 있는 3인 가족까지 차박이 충분하다. 만약 혼자서 차박을 한다면 운전석은 그대로 두 고 평탄화를 하면 된다.

평탄화 과정은 비교적 쉽다. 우선 뒷좌석, 보조 석, 운전석에서 헤드 레스트를 제거한다. 그 다 음에 전 좌석의 시트를 폴딩하고 운전석 시트와 팔걸이는 뒤로, 조수석은 앞으로 젖힌다. 제거 한 헤드 레스트를 운전석 시트에 놓는 것도 요령 이다. 남는 뒷좌석 공간과 트렁크는 캠핑 박스나 이불 등으로 채우면 된다.

레이에서도 성인 두 명이 눕거나 앉을 수 있는 공간이 확보된다.

레이의 평탄화 과정

그 위에 에어매트를 놓고 이불이나 담요를 덮으면 평탄화는 완성이다. 좀 더 완벽한 평탄화를 하고 싶다면 레이에 맞게 제작된 합판 등을 구입하면 된다. 그러나 경차 차박의 핵심은 미니멀이라는 것을 잊지 말자. 에어매트와 이불만으로도 충분하다. 경차 차박을 고민하고 있다면 레이 차박부터 시작해보자.

도전정신이 필요해, 모닝&스파크

국가대표 경차인 모닝과 스파크로도 차박이 가능하다. 그러나 도전정신이 필요하다. 모닝과 스파크에서는 뒷좌석을 접어도 경사가 생긴다. 그렇다고 두꺼운 매트를 깔면 실내 높이가 낮아져 불편해진다.

차량용 놀이방 매트 2만 2,800원(출처 : 인터파크)

모닝과 스파크를 평탄화할 때 차량용 놀이방 매트를 사용하는 이들이 많다. 가장 간단한 방법이다. 차량용 놀이방 매트 안에는 단단한 합판이 있어서 뒷좌석의 발 놓는 공간 위까지 평평하게 설치할 수 있다. 앞좌석에 끈을 달아매면 평탄화가 끝난다. 가볍게 당일치기 차크닉을 하거나 낮잠을 자는 용도의 차박으로 추천하는 방법이다.

두 번째 방법으로는 야전침대를 이용하는 것이다. 적당한 가격대의 야전침대만 있으면 쉽고 간편하게 솔로 차박을 즐길 수 있다. 침대라서 비교적 아늑하게 잠을 잘 수 있다. 야전침대는 접으면 부피도 크게 차지하지 않아 경차 차박에 적합한 아이템이지만 설치할 경우 실내에서 키가 큰 성인 남성이 앉아 있긴 힘들다.

네이처하이크 야전침대 7만~9만 원선
(출처 : 슈와츠코리아)

마지막으로 셸터, 타프 등을 사용해 공간을 넓게 쓰는 방법이 있다. 도킹 텐트는 부피가 크고 무거우므로 경차에는 셸터를 설치하는 편이 낫다. 스위스알파인클럽의 벨라 셸터를 사용하는 차박러들이 많다. 가장 후기가 많은 제품이다. 백패킹도 가능하다는 후기가 있으니 부피는 걱정하지 말자. 간단히 테이블과 의자를 놓으면 음식을 먹을 만한 공간을 마련할 수 있다.

스위스알파인클럽 벨라 셸터 29만 원(출처 : 7942캠프)

경차에서 차박을... 세계 최초 1열 폴딩 시트 적용한 현대차 캐스퍼

2021년 9월, 현대자동차가 19년 만에 내놓은 경형 SUV 캐스퍼는 세계 최초 기록을 세웠다. 바로 차박 전용 1열 폴딩 시트다. 캐스퍼 판매는 사전 계약 하루 만에 1만 8,000대를 돌파했고 2021년 12월까지의 생산량(약 1만 2,000대)이 모두 판매되었다. 문재인 대통령도 퇴임 후에 사용할 개인 차량으로 캐스퍼를 선택해 관심을 모았다.

현대자동차 캐스퍼

캐스퍼는 기존 경차에 비해 꽤 비싼 편이다. 풀 옵션을 선택하면 2,000만 원이 넘는다. 비싼 가격에도 엄청난 인기를 끄는 이유는 다른 경차에는 없었던 캐스퍼만의 매력을 가졌기 때문이다. 바로 차박 전용차라는 점이다. '경차에서 무슨 차박을 해?'라고 반문할 수 있겠지만 캐스퍼 시트와 실내 구조를 보면 입이 떡 벌어진다.

일본에서는 차박 전용으로 쓸 수 있는 경차 모델이 꽤 많이 나온다. 대표적인 모델이 허슬러 스즈키다. 캐스퍼는 경차지만 2인 차박 전용으로 쓸 수 있다. 실내 공간은 레이보다 작지만 차박 전용으로 쓸 수 있도록 1열을 완전히 접을 수 있게 만들었다. 레이는 조수석이 앞으로 접히지만 운전석이 접히지 않는다는 단점이 있다. 시트를 인증받기 위해서는 꽤나 많은 예산이 들어가기 때문에 개조도 쉽지 않다.

캐스퍼의 장점인 1열 폴딩 시트

하지만 캐스퍼에는 차박을 위한 운전석 폴딩 기능이 추가되었다. 1, 2열을 완전히 접으면 최대 길이 2059mm가 확보된다. 성인 남성 둘이 차박을 하기에도 넉넉한 수치다. 또 2열 시트 슬라이딩은 물론 등받이 각도도 조절할 수 있다. 이렇듯 실내 공간을 탑승자 취향에 맞게 바꿀 수 있는 것이 캐스퍼의 가장 큰 장점이다.

캐스퍼는 차박에 특화된 차량이다

경차 차박에 정답은 없다. 각자의 취향과 용도에 맞게 장비를 구입하면 된다. 차박이 아무리 대세라지만 당장 차를 바꿀 순 없지 않은가. 주어진 조건에서 최대한 누리면 된다. 차박은 호텔이 아니다. 어느 정도 불편함을 감수할 수 있으면 지금 떠나면 된다. 차박의 장점은 기동성이다. 그런 의미에서 경차는 어쩌면 차박의 의미에 가장 적합하지 않을까? 뭐든 처음이 어려운 법이다. 막상 해보면 '어? 해볼 만하네.'라는 생각이 들 것이다. 망설이지 말고 돌아오는 주말에 일단 떠나보자.

차박에 적합한 미니밴은?

타인과의 접촉은 최대한 피하면서 우리 가족만의 조용한 여행을 즐기고 싶다면 차박이 제격이다. 차박, 캠핑 등 자동차를 중심으로 한 레저 활동이 늘어나면서 미니밴의 인기가 상종가다. '가족과 함께 차박하기 적합한 미니밴'이란 주제로 2021년 4월, 2,500여명을 대상으로 온라인 설문조사를 실시했다.

국내에서 판매 중인 미니밴을 대상으로 기아 카니발, 현대자동차 스타리아, 혼다 뉴 오딧세이, 토요타 시에나를 선택지로 제공했다. 미니밴은 판매 차종이 적어 집중도가 높다. 국내 미니밴 시장을 독점했던 기아 카니발의 새로운 경쟁자로 현대 스타리아가 등장하면서 경쟁 구도가 궁금했던 참이다.

1위는 카니발로, 49%의 압도적인 지지를 받아 명불허전임을 입증했다. 당분간은 국가대표 미니밴인 카니발의 독주 체제가 계속될 것으로 보인다.

현대자동차 스타리아는 19%의 지지율을 얻어 그 뒤를 이었다. 스타리아는 카니발의 독주를 막아낼 경쟁작으로 떠오르고 있다. 14년 만의 풀 체인지로 카니발과 같은 차체와 파워 트레인을 공유한다. 스타리아의 가장 큰 특징은 우주에서나 볼 수 있는 듯한 디자인이다. 이를 입증하듯 사전계약 첫날 계약 건수가 1만 대를 넘어서며 앞으로의 인기를 예감케 했다. 과연 오랫동안 국산 미니밴 끝판왕의 호칭을 유지해온 기아 카니발의 호적수가 될지 기대되는 바이다.

그 다음으로는 토요타 시에나(18%), 혼다 뉴 오딧세이(13%)가 3위와 4위를 차지했다. 2021년 4월 중순에 출시된 토요타 시에나는 국내 시장 최초의 하이브리드 미니밴이다. 설문조사 결과만 놓고 본다면 현대 스타리아 못지않은 인지도를 가지고 있다. 신형 시에나는 하이브리드로 완전히 바뀌었고 대담한 외장 디자인, 다양한 편의 사양 등으로 주목받았다. 전년도에 토요타 판매량의 대부분이 하이브리드 모델일 정도로 국내에서 토요타의 하이브리드 기술은 인기가 많다. 국내 첫 하이브리드 미니밴이라는 점이 3위를 차지한 이유다.

혼다 뉴 오딧세이는 오딧세이의 부분 변경 모델로, 공간 활용성에 중점을 두어 내부 설계를 세심하게 한 미니밴이다. 혼다 뉴 오딧세이와 토요타 시에나는 카니발과 스타리아보다 비싼 가격과 '일본 차'라는 큰 단점을 가지고 있다. 가격 경쟁력과 일본산 제품 불매 분위기는 두 차가 넘어야 할 산이다.

현대자동차 스타리아

기아 4세대 카니발

토요타 시에나

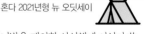
혼다 2021년형 뉴 오딧세이

지금까지의 국내 미니밴 시장은 카니발이 독주하는 상황이었다. 오히려 카니발을 제외한 차선책에 시선이 쏠리던 시장이었다. 미니밴 시장은 앞으로 더 뜨거워질 것으로 전망된다. 북미 간판 모델인 혼다 오딧세이, 토요타 시에나, 그리고 현대자동차의 야심작인 스타리아는 과연 카니발의 아성을 넘을 수 있을까.

05

여름엔 시원, 겨울엔 따뜻! 전기차로 차박 즐기기

R GUY

테슬라 모델X P100D

차박이 대중화하면서 전기차를 이용한 차박에도 관심이 집중되고 있다. 여전히 '차박=SUV'라는 인식이 강하지만 전기차는 차박러들의 입맛을 충분히 돋우는 독보적인 매력을 가지고 있다. 차박에 관심 있는 사람이라면 누구나 한 번쯤 전기차의 장점에 대해 들어봤을 것이다. 차박에 최적화된 특징 때문에 "오로지 차박을 위해 전기차를 구입했다."는 사람도 있을 정도다. 도대체 '전기차=차박 최적'이라는 영광스러운(?) 수식어는 어떻게 해서 붙게 됐을까?

탈 것도 됐다가, 전원 장치도 됐다가

전기차와 함께라면 차박이 좀 더 간편해진다. 내연기관 차량에선 간단하게 휴대전화를 충전하는 정도로만 전기를 사용할 수 있다. 커피포트 같은 전기제품을 쓰려면 휴대용 배터리 '파워뱅크'가 있어야 한다. 야외에서는 캠핑장을 제외하곤 전기를 사용할 수 있는 곳이 거의 없다. 파워뱅크는 가격이 수십만 원이고 사용법도 복잡해서 차박 입문자가 사용하긴 어렵다.

전기차는 자체 배터리를 사용해 파워뱅크 없이도 랜턴, 스피커 등 간단한 전자기기를 사용할 수 있게 해준다. '캠핑의 간소화'라는 차박의 특징이자 장점을 극대화할 수 있는 것이다. 여기에 인버터를 연결하면 220V 전원도 추가로 사용할 수 있다. 단, 인버터 연결 시 12V 배터리가 방전될 수 있으므로 시동은 꼭 켜두자(인버터 설치비용 약 10만 원대/220V 기준).

르노 조에

여름엔 시원하게, 겨울엔 따뜻하게

전기차의 장점 중 차박러들을 가장 열광하게 만드는 것은 공조기 사용이 자유롭다는 점이다. 전기차는 시동을 걸어도 매연 같은 유해물질을 내뿜지 않는다. 밤새 시동을 걸고 공조기를 작동시킬 수 있다. 차박을 하면 차 안에서 긴 밤을 보내야 하기 때문에 한여름 무더위와 한겨울 강추위에 무방비로 노출되기 쉽다. 특히 새벽 기온이 영하로 떨어지는 동계 차박을 떠날 때면, 따뜻한 히터 생각이 간절해진다. 내연기관 차량에서 밤을 보낸다면 흘려 보낼 기름과 배출가스를 생각하면서 애꿎은 이불만 칭칭 감는 것이 현실이다. 하지만 전기차에서는 밤새 공조기를 돌려도 배터리 소모량이 20~30%에 그쳐 야외 취침의 치명적인 단점이 보완된다. 또 기름을 태우는 과정에서 발생하는 진동, 매연이 없어 좋은 수면 환경이 보장된다.

방전 걱정? 유틸리티 모드로 해결

"어떻게 밤새도록 돌리는데 방전이 안 될 수 있어?"

이런 의문이 들 수도 있을 것이다. 해답은 바로 '유틸리티 모드'에 있다. 유틸리티 모드란, 현대자동차와 기아 차량에서 지원하는 시스템으로 12V 보조 배터리가 아닌 메인 배터리를 통해 외부 전기장치를 사용하는 모드다. 유틸리티 모드에서 냉·난방 기능을 사용할 수 있기 때문에 밤새 추위 또는 더위에서 자유로울 수 있다. 다른 전기차에도 비슷한 기능이 있다. 전기차의 2차 전지 용량은 통상 50~100kWh 수준이다. 4인 가족이 일주일 정도 사용할 수 있는 전력량이다. 시간당 약 1kWh를 사용한다는 유틸리티 모드를 잘 활용한다면 하룻밤 정도는 방전 걱정 없이 거뜬히 보낼 수 있는 것이다.

쉐보레 볼트 EV

테슬라 모델X 오토파일럿 테스트 주행

장거리 주행에도 탁월한 전기차

테슬라 전기차의 오토 파일럿 기능을 이용하면 장거리 주행에 대한 부담을 조금이라도 줄일 수 있다. 오토 파일럿은 차량이 자동으로 방향을 제어하고 가속, 제동할 수 있는 시스템이다. 앞차와의 거리를 유지하는 '스마트 크루즈' 기능, 차량이 차선 정중앙으로 바르게 달릴 수 있도록 핸들을 제어하는 '조향 보조' 기능 등이 포함됐다. 그러나 해당 기술은 자율주행보다 주행 보조 기술에 가까워 운전자의 제어가 필요하다.

FSD(Full Self-Driving)는 오토 파일럿보다 한 단계 더 발전한 기술이다. 여기에는 자동 차선 변경, 자동 주차, 스마트 차량 호출, 자동차 전용도로 자동주행 등의 기능이 더해졌다. 방향 지시등을 가볍게 조작하면 옆 차로를 확인한 뒤 스스로 차선을 바꾸거나, 자동으로 경로를 탐색하고 벽이나 주차된 차 등 방해물을 피해 운전자 앞까지 찾아오도록 하는 것이 가능하다. 아울러 모든 전기차에는 전력 생산을 위한 회생 제동 시스템이 달려 있다. 제동을 할 때 방출되는 에너지를 전력으로 변환하는 장치다. 감속이 가능해 별도 브레이크 조작이 필요 없는 경우가 대부분이다. 이 시스템을 이용하면 장거리 운전 시 불필요한 브레이크 조작이 줄어 운전자의 피로도를 크게 줄일 수 있다.

전기차로 기변할까?

차박을 본격적으로 시작하니 전기차가 눈에 들어온다. 그렇다고 무작정 차를 바꿀 순 없는 일이니 다음에는 무조건 전기차를 구입하겠다는 차박러들이 많다. 전기차 보급을 위해 가격대별로 보조금을 지원하고 있으니, 구매하고자 하는 차량의 보조금을 미리 확인하자. 또 점점 몸집이 커지고 있는 차박 시장을 겨냥하여, 현대자동차 아이오닉 5, 기아 EV6 등 다수의 국산 전기차에 전기 콘센트가 기본으로 장착되어 있다. 벌써부터 전기차와 함께하는 차박이 기대된다.

'이거 소형 SUV 맞아?'

쌍용자동차의 야심작 티볼리 에어로 차박을 하면서 든 생각이다. 쌍용자동차가 티볼리의 트렁크 공간을 늘린 티볼리 에어를 재출시했다. 단종 이후 꼬박 1년 만인 2020년 10월 부활했다. 가장 큰 특징은 티볼리 대비 255mm 늘어난 전장이다. 길어진 전장을 모두 트렁크에 할애했다. 트렁크 용량이 무려 720L에 달한다. 수치로만 보면 중형 SUV보다 크다. 실제로도 그런지 차박을 통해 알아봤다.

중형 SUV 수준의 트렁크 공간을 자랑하는 쌍용자동차 티볼리 에어

티볼리 에어에는 티볼리와 동일한 직렬 4기통 가솔린 터보 엔진과 6단 자동 변속기가 조합되었다. 사륜 구동 없이 전륜 구동만 나온다. 가성비를 잡기 위한 트림 구성이다. 최고 출력 163마력, 최대 토크 26.5kg.m으로 힘이 넘친다. 짐을 한 가득 싣고, 성인 남성 두 명이 탑승했지만 속도계 바늘은 주저하지 않고 올라간다. 고속에서 재가속도 문제없다. 무엇보다 3종 저공해 인증을 받아 혼잡 통행료 감면 및 공영, 환승, 공항 주차장에서 최대 50% 할인을 받을 수 있다. 연료 효율도 좋다. 짐을 가득 실은 상태에서도 연비가 두 자리로 나온다.

경쾌한 가속감을 자랑하는 1.5L 가솔린 터보 엔진

트렁크에 짐을 넉넉하게 실어서일까? 시속 100km 이상 고속에서도 안정성이 좋았다. 공차 상태에서 통통 튀던 승차감도 말랑하게 변했다. 티볼리 에어를 탄다면 오히려 짐을 많이 싣는 편이 승차감과 주행 성능을 끌어 올리는 비법이다.

아쉬운 점은 반쪽짜리 자율주행 기능이다. 후측방 충돌방지 보조, 탑승객 하차 보조, 차선 중앙 유지 보조 등이 장착되었다. 차선을 유지하며 달리는 실력은 준수하지만 앞차와의 간격을 유지하는 어댑티브 크루즈 컨트롤은 빠졌다.

짐을 가득 실었더니 후륜의 안정감이 좋아졌다.

가을산 정취가 물씬 나는 캠핑장에 도착했다. 차박과 캠핑이 확실히 대세라는 걸 알 수 있었다. 렉스턴 스포츠부터 티볼리, 코란도 투리스모, 코란도, 심지어 체어맨까지 주차된 차종이 다양하다. 화로대에 불을 지핀다. 이야기를 나누다보니 어느새 머리 위에 별이 쏟아진다. 화려한 네온사인으로 가득한 도시에선 절대 볼 수 없는 장관이다.

어드벤처 쌍용 캠핑장의 전경

2열을 접으면 최대 적재 용량이 1440L까지 늘어나는 차박을 위해 평탄화를 준비했다. 발포매트와 에어매트를 깔고 침낭과 베개를 세팅했다. 밖은 싸늘하지만 난방은 필요 없다. 차박의 장점 중 하나는 차체가 지면과 떨어져 있어 바닥이 차갑지 않다는 점이다. 덕분에 겨울에도 큰 문제없이 차박을 즐길 수 있다. 영하 10도가 넘어도 극동계용 침낭과 핫팩 한두 개만 있으면 별도의 전열 기구가 필요 없다. 그래도 춥다면 저렴한 USB 방석과 보조 배터리 정도만 준비해도 충분하다. 차박은 미니멀할수록 빛이 난다.

모든 준비를 마치고 자리에 누웠다. 공간이 딱 좋다. 2열 등받이가 약간 기울어져 있지만 거슬리는 수준은 아니다. 더 안락한 잠자리를 원한다면 티볼리 에어 전용 에어매트를 준비하면 된다. 키 179cm와 175cm의 성인 남성 두 명이 누웠다. 어깨가 맞닿지 않는다. 길이나 폭 모두 만족스럽다. 아쉬운 것은 트렁크 바닥의 러기지 보드다. 티볼리 에어의 트렁크는 단차 조절이 가능하다. 차박을 하기 위해선 보드를 윗단으로 들어 올려야 한다. 보드 아래에 공간이 비어 있다 보니 체중으로 인해 비어 있는 부분이 아래로 눌린다. 차박 전용으로 쓰려면 러기지 보드 아래를 채워 넣을 방안을 강구하는 것이 좋다. 최저 기온이 0도까지 떨어졌지만 별도의 난방기구 없이 단잠을 잤다. 공간에 대한 아쉬움은 없다. 티볼리 에어는 2,500만 원 이하에서 구입할 수 있는 최적의 차박 차량이 틀림없다.

동계용 침낭만 있다면 겨울 차박도 문제없다.

쌍용자동차 티볼리 에어

티볼리 에어는 뛰어난 가성비를 내세우며 사회 초년생뿐 아니라 은퇴자까지도 겨냥하고 있다. 매력적인 스타일과 넉넉한 편의장비는 덤이다. 앞으로도 전국 방방곡곡에서 티볼리 에어로 캠핑과 차박을 즐기는 모습을 자주 목격할 수 있을 것 같다.

나를 돌아보는 수양의 시간, 세단 차박 즐기기

06

세단은 SUV와는 결이 다른 편안한 승차감과 안정적인 주행감을 선사하지만 공간 활용에서는 이점이 크지 않다. 세단을 '차박'에 이용한다면 단순히 운전석과 조수석 시트를 최대한 눕히고 쪽잠을 청하는 것으로 만족해야 할까? 세단에서 잠을 자야만 직성이 풀리는 이들을 위해 옛 기억을 떠올려봤다.

2019 제네시스 G70

결론부터 말하자면 세단으로도 차박이 가능하다. 일단 조건이 있다. 트렁크와 승객석이 이어져 있어야 한다. 국내에서 판매되는 세단의 대부분은 스키 쓰루 기능(트렁크와 2열 시트 중앙의 구멍을 통해 스키를 넣을 수 있게 만든 것)을 지원하지만 일부 차종은 SUV처럼 2열 폴딩 기능을 넣어 공간 활용성을 높였다. 물론 긴 물건을 수납하기 위한 기능인 만큼 트렁크와 뒷좌석 공간과의 간극이 꽤나 크다. SUV와 세단 차박의 괴리감처럼 느껴질 정도다.

위 : 현대자동차 아반떼AD, 아래 : 쌍용자동차 코란도

그래야만 속이 후련했냐!

차박이라는 용어도 생소하던 5년 전, 아버지의 쉐보레 임팔라를 타고 나가 차 안에서 하룻밤을 보낸 기억이 떠올랐다. 숙박비를 아껴 연료비에 보태고 맛있는 음식을 먹어보겠다는 심산이었다. 여행 중 차박은 숙박비를 아낄 수 있다는 점에서 상당히 매력적인 선택지다.

2015 쉐보레 임팔라

임팔라는 5m가 넘는 긴 차체와 광활한 트렁크 공간, 대형 세단임에도 뒷좌석 등받이를 접을 수 있는 독특한 차였다. 한적한 공원 주차장에 자리를 잡고 등받이를 눕히니 성인 두 명은 족히 누울 수 있을 만큼 깊고도 널찍한 공간이 펼쳐졌다.

일단 트렁크 바닥과 시트와의 높이 차이를 극복해야 했다. 두꺼운 스티로폼과 발포 돗자리를 깔아 높이를 비슷하게 맞췄다. 두꺼운 이불 등을 사용해도 좋을 것 같았다. 이후에 침구류를 세팅하니 겉으로 보기에 꽤나 괜찮은 잠자리가 만들어졌다.

말로만 듣던 영면 체험인가

뭐든 겉만 보고 판단해선 안 된다. 공간은 그럴 듯해 보였으나 편안한 취침은 불가능했다. 돗자리와 침구를 깔고 나니 SUV처럼 몸을 이리저리 굴리며 편한 자세를 찾을 수 없었다. 약간의 경사는 상당히 불편하여 허리를 꾸준히 자극했고 다음날 활동에 지장을 줄 정도였다.

이러다 아낀 숙박비만큼 병원비가 더 나가겠다 싶어서 이튿날에는 숙소를 구했다. 세단으로 하는 차박은, 용기 내어 시도해볼 만하나 침구를 챙겨야 하고 본격적인 월동 장비가 필요한 겨울에는 건강을 위해 웬만하면 숙소나 오토캠핑장을 이용하는 것이 좋겠다.

편안하게 잘 수 있다고 생각했지만 경기도 오산이었다.

조금 더 나은 선택지가 있다면

세단과 해치백의 중간 단계인 패스트백은 그나마 사정이 좀 낫다. 트렁크와 승객석이 이어져 있기 때문에 2열 등받이를 접으면 꽤나 평평한 공간이 완성된다. 물론 세단 차체를 활용하는 만큼 완전한 평탄화는 불가능하다. 불편하기는 매한가지이나 적어도 몸을 움직일 순 있다. 기아 K3 GT(5-도어)와 스팅어가 이에 속한다.

2020 기아 스팅어 마이스터

테슬라 모델3은 다른 세단에 비해 차박하기에 용이하다. 기다란 차체 덕분에 눕기에 넉넉한 공간이 나온다. 또한 2열 시트를 접으면 풀 플랫이 가능해 편안한 잠자리를 만들 수 있다. 거기에 난방, 에어컨 같은 공조 장치를 마음껏 쓸 수 있는 전기차라는 이점이 있다. 높이는 그다지 높지 않아 성인이 앉아 있기에 다소 불편할 수 있지만 누워서 잘 때는 커다란 선루프 덕분에 답답하다는 생각이 들지 않는다.

테슬라 모델3

세단 차박은 공간이 좁아서 사랑하는 연인과 함께한다면 사이가 좋아지거나 매우 나빠질 수 있는 양날의 검이다. 되도록 비상시에 시도하는 것이 좋겠다. 적절한 스트레칭과 허리보호대가 필수다. 현재 판매되는 신차 중에 뒷좌석 폴딩을 지원하는 것으로는 현대자동차 아반떼(일부 트림)와 제네시스 G70, 쉐보레 말리부 등이 있다.

위 : 기아 스팅어, 아래 : 기아 K3 GT(5-Door)

쉐보레 올란도, 역대급 가치

쉐보레 올란도

본격적으로 차박을 시작하기 위해 차량을 교체하려는 소비자도 있지만, 오직 차박만을 위해 고가의 신형 SUV로 교체하는 것은 쉽지 않다. 이런 연유로 10년 내외의 중고 SUV/MPV가 여전히 인기다. 차박용 짐을 넣어두는 세컨드 카 용도로 사용하는 것이다.

현재 중고차 시장에서 1,000만 원 내외의 가격을 형성하는 차량을 선택지로, 현대자동차 베라크루즈, 기아 2세대 카니발, 쌍용자동차 1세대 렉스턴, 쉐보레 MPV 올란도, 르노삼성자동차 QM5를 대상으로 삼았다. 응답으로 복수 선택은 불가능하다.

가장 많은 선택을 받은 차량은 35%가 선택한 쉐보레 올란도다. 올란도는 이미 차박 마니아들에게 칭송을 받는 차량이었다. 올란도는 2011년 나온 7인승 MPV로, GM대우에서 쉐보레로 이름이 바뀐 후 처음 출시된 차량이기도 하다. GM대우의 군산 공장이 폐쇄되면서 2018년 단종됐다.

한 응답자는 "차박은 평탄화가 가장 중요하다."며 "올란도 평탄화는 정말 끝내준다."고 이유를 밝혔다. 또 다른 응답자는 "(올란도에) 움직이는 숙박업소라는 말이 붙은 이유가 있다."며 올란도를 극찬했다.

2위는 22%의 지지를 얻은 현대자동차 베라크루즈다. 베라크루즈는 국산차 최초의 6기통 디젤 모노코크 SUV로, 2006년부터 판매를 시작했다.

베라크루즈를 선택한 응답자는 "역시 6기통 디젤의 느낌은 다르다. 크기도 그렇고 정비 용이성도 그렇고 가장 좋은 차박 선택지."라는 의견을 냈다.

현대자동차 베라크루즈

3위는 각각 18%의 지지를 얻은 쌍용자동차 렉스턴과 기아 2세대 카니발이 차지했다.

쌍용자동차 렉스턴은 2001년 출시해 무려 16년 동안 두 번의 부분 변경을 거치면서 판매된 스테디셀러 차량이다. "쌍용자동차 전성기 시절에 나온 차라서 믿고 탈 수 있다. 매물을 찾는 게 어려운 것이 흠이다."라는 응답자 의견이 눈길을 끌었다. "당시 쌍용자동차의 기계식 엔진에 배기가스 저감 장치를 다는 것이 쉽지 않아 서울에서 주행이 쉽지 않았다."는 반대 의견도 있었다.

쌍용자동차 렉스턴

2세대 카니발은 2005년에 나왔다. 11인승 모델이 출시되면서 1세대에 비해 크기를 대폭 키웠다. 크기나 실내 공간은 차박에 최적화되었지만 평탄화를 위한 시트 폴딩이 문제다. 폴딩을 지원하지 않아 차박을 위해 카니발을 구입한 오너들은 시트를 떼어내고 구조 변경을 하는 번거로움을 거쳐야 한다. 카니발을 선택한 응답자들조차 "커서 좋지만 평탄화 때문에 별로다."라고 답했다.

기아 2세대 카니발

르노삼성자동차 QM5는 6%가 선택했다. QM5는 르노삼성의 첫 SUV로, 잔고장이 없는 내구성 좋은 차로 평이 나 있다. "QM5 공간이 약간 좁지만 파노라마 선루프, 클램셸 테일 게이트로 차박 감성을 느끼기에 최고다."라는 의견이 나왔다. "브랜드 때문인지 상대적으로 중고차 값이 저렴하다."는 댓글도 있었다. 2열 시트 방석을 앞으로 젖혀 분리하면 평탄화가 한결 수월해진다.

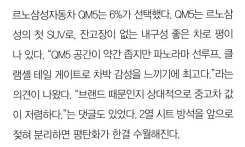

르노삼성자동차 QM5

최근 차박을 위해 차를 교체하려는 소비자가 늘고 있다. 덜컥 신차부터 구입하는 것보다 저렴한 중고차를 구입해 본인에게 차박이 맞는지 확인해보아야 한다. 아울러 2021년에는 대형 SUV가 대거 나온 데다, 테슬라 전기 SUV 모델Y까지 가세했다. 신형 차량 후보가 많은 만큼 먼저 중고차로 차박을 경험해보자.

Part 3

보고 또 봐도 질리지 않는 차박 용품의 세계

평탄화 장비

01

차량 평탄화는 어떻게 하면 좋을까? 기본적으로 평탄화는 트렁크 공간과 뒷좌석 폴딩을 이용하여 실내 공간을 마련하는 것이다. 차량별로 폴딩 방법이 제각각이라 먼저 본인의 차종에 대해 검색해보는 것이 중요하다. 평탄화가 잘되는 르노삼성 QM5, 랜드로버 디펜더 같은 차박 전용 차량도 있지만, 2열 좌석 폴딩만으로 평탄화가 안 되는 차량도 꽤 있다.

어떤 매트를 선택하면 좋을까?

평탄화 작업 후 깔끔하게 마무리하려면 차박 매트가 필요하다. 차박 매트는 평탄화의 필수품. 차박 매트에도 발포매트, 에어매트, 자충매트 등 종류가 많아 무엇을 사야 할지 고민이 될 것이다. 차박에서 어떤 매트를 사용하면 좋은지에 대한 정답은 없다. 차박 스타일과 차종에 맞게 선택하면 된다. 보통은 저렴한 발포매트로 시작한다. 좀 더 편안한 잠자리를 누리고 싶다면 자충매트나 에어매트를 구입하면 된다.

가벼운 차크닉에는 발포매트

가볍게 차크닉을 떠나는 이들에게 추천하는 것은 발포매트다. 발포매트는 가볍고 저렴하다. 가격 대비 열전도율이 낮아 단열성도 좋다. 바닥 냉기를 막아주는 효과적인 제품이다.

이런 장점을 극대화시킨 가성비 갑인 제품 네이처 하이크 14단 발포매트는 성인 남성이 눕기에 길이가 적당하다. 2~3개 정도 구입하여 평탄화 작업 후 펼쳐놓으면 바닥에 엉덩이가 저릴 일은 없다. 써머레스트 지라이트 솔(4만~6만 원대)의 저렴한 버전으로 유명하다. 써머레스트는 세계 최초의 자충매트 브랜드로, 제품 중에서 지라이트 솔이 꾸준히 인기를 얻고 있는 스테디셀러. 니모 스위치백(5만 원대) 또한 가격만큼 좋은 품질을 자랑한다. 가볍고 유니크한 색감이 장점이다.

발포매트의 단점은 부피가 크다는 것이다. 동계 차박에 단독으로 사용하기에도 무리가 있다. 따라서 차박을 할 경우에는 다른 제품과 같이 사용하거나 차크닉 등의 가벼운 용도로 사용하길 추천한다.

니모 스위치백 / 5만 원대

네이처 하이크 14단 발포매트 / 1만~2만 원대   써머레스트 지라이트 솔 / 4만~6만 원대

침대 같은 푹신함, 자충매트

간편함과 효율성으로 승부하는 자충매트는 에어매트와 달리 자동으로 공기를 주입할 수 있다는 것이 장점이다. 에어매트보다 푹신해서 침대처럼 편안한 느낌을 원한다면 자충매트가 적합하다. 에어매트의 경우 탄탄하기 때문에 다소 딱딱하게 느껴지고 공기를 넣고 빼는 것이 번거롭다. 가격도 초보 차박러에게 부담스러울 수 있다. 편안한 잠자리를 원하는 차박 입문자에게 자충매트를 강력 추천한다.

다수의 차박러가 애용하는 헬로우캠핑 자충매트 1인용(2만 원대)/2인용(5만 원대) 정도면 충분하다. 차박 매트 중 가장 많은 구입후기와 리뷰를 기록하고 있는 제품이다. 5cm 정도 두께가 만족스럽지 않다면 2개를 겹쳐서 쓰면 된다.

자충매트의 에어 밸브 마개를 열면 자동으로 공기가 주입돼 누구나 사용하기 쉽다. 사용한 후 공기를 빼서 말아놓으면 부피도 거의 차지하지 않는다. 오랜만의 바깥 활동으로 지친 몸을 잠시 쉬거나 차박용 잠자리를 만들기에 매우 적합하다.

비슷한 가격대로 푹신한 질감을 느낄 수 있는 빈슨메시프 시그니처 라텍티컬 XXL 8T 자충매트(2만 원대) 또한 차박러들이 만족스러워하는 제품이다. 이는 무한대로 연결 및 분리할 수 있어 여러 개를 구입하여 사용하기에 편리하다. 깔끔한 블랙 디자인은 시각적으로 편안함을 준다. 집에 가만히 있는 것이 더 힘든 여름철에 자충매트와 함께 차박 여행을 떠난다면 간단하고 쾌적하게 가족이나 연인, 친구와 즐거운 시간을 보낼 수 있을 것이다.

헬로우캠핑 감성 자충매트 1인용(2만 원대)
/ 2인용(5만 원대)

시그니처 라텍티컬 XXL 8T 자충매트 / 2만 원대

간편하고 효율적인 에어매트

흔히 자충매트와 에어매트의 느낌을 라텍스와 돌침대로 비교한다. 자충매트는 푹신하다는 장점이 있지만 그만큼 꺼짐 현상도 발생한다. 반면 에어매트는 탄탄하다. 별도의 평탄화 장비가 필요 없다. 에어매트 하나만 있으면 평탄화는 해결된 것이라고 볼 수 있다. 빈 공간이 없어 아이들에게도 안전하다.

에어박스 캠핑 에어매트 파이브맨 10cm / 약 38만 원

에어매트 중에서는 에어박스 제품(30만 원대)이 대중적이다. 무독성 친환경 소재라 아이가 있는 집에서도 걱정 없이 사용할 수 있다. 높이는 다양하지만 10cm 제품을 추천한다. 10cm 이하는 딱딱하고 그 이상은 높아 차 안에서 거동이 불편해진다. 인기가 많아 캠핑, 차박 시즌에는 제품을 받기까지 시간이 오래 걸리기도 하니 미리 주문해야 한다. 좀 더 안락한 느낌을 원한다면 이불이나 토퍼를 가져가면 된다. 비싼 가격 때문에 구입이 꺼려진다면 중고 제품을 알아보거나 인텍스 듀라빔 에어매트(2만 원대)를 구입할 것을 추천한다. 입문용으로 손색이 없다. 에어매트를 구입한다면 에어펌프도 꼭 챙겨야 한다. 에어펌프 없이 갔다간 공기만 넣다가 지칠 수 있다.

인텍스 듀라빔 퀸 에어매트 / 약 2만 2,000원

미세먼지만 없다면 언제든지 떠날 수 있는 차박에는 그렇게 많은 장비가 필요하지 않다. 평탄화가 가능한 매트만 있어도 편안한 차박을 할 수 있다. 당연한 이야기지만 매트는 두꺼울수록 편안하다. 그렇다고 두꺼운 제품을 마련했다간 수납이 어려워져 애물단지가 될 수도 있다. 차종과 목적에 맞게 적당한 제품을 선택하는 것이 중요하다.

파워뱅크

전기를 공급하는 장치인 파워뱅크의 가장 큰 단점은 수십만 원대라는 비싼 가격이다. 안정적인 파워 공급과 롱타임이 가능한 파워뱅크는 50만 원을 훌쩍 넘는다. 또 10kg 정도로 무겁고 사용법도 복잡하다. 만약 파워뱅크를 구입하고 싶다면 제품 사양에서 전압과 전류를 꼭 확인해야 한다. 본인이 사용할 제품의 소비 전력과 비교해 제품을 구입하면 된다. 80~200A 사이의 파워뱅크를 구입한다면, 어떤 전자제품을 사용하는지에 따라 다르겠지만, 2인 이상의 차박에서 충분히 사용할 수 있다.

믿고 쓰는 국내산 파워뱅크, 다이팩토리&대물 파워뱅크

국내산 제품 중에선 다이팩토리, 대물 파워뱅크 제품의 인지도가 높다. 세련된 디자인에 마감이 깔끔하고 A/S도 확실하다. 다이팩토리 파워뱅크 용량으로는 100A, 200A, 280A가 있고 200A의 인기가 좋다. 용량이 커질수록 무게와 부피가 커지니 너무 큰 용량을 선택하면 짐이 될 수 있다는 것을 명심하자. 200A는 약 22kg, 280A는 약 27kg이다. 휴대하면서 충전하기에 부담스러운 무게이기 때문에 떠나기 전에 미리 충전해두는 편이 좋다. 화면으로 배터리 잔량을 확인할 수 있어서 편리하다. USB, 12V를 사용할 수 있는 단자가 있어서 활용하기도 좋다. 전용 가방에는 충전용 선을 뺄 수 있는 구멍이 있어서 제품을 가방에서 빼지 않고도 사용할 수 있다.

단점으로는 구입하기가 어렵다는 것이다. 대부분 공동구입 형식으로 선착순 판매를 하기 때문에 필요한 시점에 구하기가 어렵다. 공동구입 시에도 물건은 빠르게 소진되는 경우가 많다. 맞춤 제작 상품으로 주문하고 받기까지 최소 2주 정도는 걸리므로 여유를 두고 주문해야 한다. 참고로 설명서와 품질 보증서는 동봉되지 않는다. 자세한 설명이 필요하다면 다이팩토리 공장을 직접 방문할 것을 추천한다.

다이팩토리 공장 주소 : 경기도 남양주시 화도읍 재재기로 184

다이팩토리 인산철 파워뱅크 200A 블랙 / 109만 원

다이팩토리 280A 인산철 파워뱅크 아이보리 / 145만 원
출처 : 다이팩토리

프리미엄 인산철 파워뱅크 200Ah 블루
111만 원

프리미엄 인산철 파워뱅크 280Ah 와인
154만 5,000원 / 출처 : 대물파워뱅크

또 다른 제품인 대물 파워뱅크의 경우 다이팩토리와 달리 상시 구입이 가능하고 2주 정도면 물건을 받을 수 있다. 밸런스 액티브 이퀄라이저(파워뱅크 안에 있는 배터리 셀의 밸런스를 자동으로 맞춰주는 기능), 보호회로 BMS 260A(300W 인버터 사용 가능) 등 다양한 옵션을 제공하는 것이 장점이다. 용량은 120A, 200A, 240A, 280A가 대표적이고, 이중 200A와 280A의 인기가 많다. 무게와 가격은 다이팩토리와 비슷하다. 200A는 21kg, 280A는 27kg이다. 색상은 와인과 블루 둘 중에서 선택할 수 있다.

두 제품 다 후기도 많고 평가도 좋다. 성능은 둘 다 비슷하기 때문에 문제가 생겼을 경우 빠르게 대처할 수 있는 업체를 선택하는 것이 좋다. 따라서 거주 지역과 가까운 곳의 제품을 구입할 것을 추천한다. 또한, 당장 제품이 필요한 상황이라면 구입하기 어려운 다이팩토리보다 대물 파워뱅크를 구입할 것을 권한다.

가성비로는 최고, 대국사 파워뱅크

한 달에 한 번 차박을 갈까 말까 하는 입장에서 거금을 들여 파워뱅크를 구입하기는 부담스러울 것이다. 그렇다면 대국사의 파워뱅크 제품을 추천한다. 일명 대국사(대한국민사랑)는 수입산(중국산) 제품을 판매하는 해외직구 대행업체다. 즉, 대국사에서 판매하는 파워뱅크는 중국산이다. 그만큼 경쟁력 있는 가격이 가장 큰 장점이다. 중국산이지만 KC 인증을 받아 안전성도 인증받았다. A/S도 잘 된다고 한다.

사용자들의 평가도 좋다. 다양한 용량의 제품들을 판매하고 있어서 각자의 선호도에 따라 선택할 수 있다. 80A, 140A, 200A, 240A의 4가지 제품군이 있다. 200A와 240A는 신제품으로, 디자인이 고급스럽게 바뀌었고 성능 또한 업그레이드되어 인기가 많다. 200A는 67만 4,000원, 240A는 79만 7,200원으로 배송비까지 포함해도 80만 원 미만으로 구입할 수 있다. 네이버에서 '대한국민사랑'을 검색하여 카페에 가입하면 스펙을 확인하고 구입할 수 있다. 파워뱅크 외에도 다양한 캠핑ㆍ차박용품들을 저렴한 가격에 득템할 수 있으니 카페를 찬찬히 둘러보자. 해외배송 제품이라 넉넉히 두 달은 기다릴 생각을 하고 주문해야 한다.

200A

273mm
355mm
200mm

제품명 : 파워뱅크 200A

용량 : 200A

사이즈 : 355 X 200 X 273 mm

중량 : 24kg

출처 : 대한국민사랑(대국사)

03 차박용 텐트

차박용 텐트를 검색해보면 브랜드도 많고 하나같이 비싸다. 한두 푼 드는 게 아니라서 제품을 선택할 때 고민이 많이 될 것이다. 차박 입문자들에게 적당한 여러 가지 텐트 제품의 장점과 단점에 대해 알아보자.

도킹 텐트 최강자, 제드 오토 듀얼팔레스

제드 오토 듀얼팔레스3
49만 원
출처 : 제드코리아

차박(도킹) 텐트를 검색하면 쉽게 볼 수 있는 브랜드가 바로 제드다. 제드는 많은 캠퍼와 차박러들이 사랑하는 브랜드다. 많은 제품 중에서 단연 판매량도 높고 평가가 좋은 것은 오토 듀얼팔레스다. 성능 역시 훌륭하다. 오토 듀얼팔레스는 1, 2, 3 버전이 있으며 현재는 3버전만 판매하고 있다. 워낙 인기가 많아 구하기가 어렵다.

가격은 49만 원으로 플라이가 기본으로 포함되어 있다. 저렴하진 않지만 가성비가 좋다고 평가받는 이유는 구성이 탄탄하기 때문이다. 본체 외에 확장형 루프, 타프 카 텐트 등이 포함되어 있어 오토 듀얼팔레스 하나만 있으면 다른 구성품은 별도로 구입할 필요가 없다. 단독으로도 사용이 가능하고 도킹 텐트, 타프, 셀터로도 사용 가능한 활용 만점 멀티형 제품이다.

도킹 텐트에서 가장 중요한 것은 얼마나 빈틈없이 차량에 도킹되는지 여부다. 오토 듀얼팔레스를 사용해본 차박러들은 도킹이 거의 완벽하다고 평가한다. 설치와 해제가 쉬운 것 역시 장점이다. 원터치이기 때문에 폴대만 당겨주면 5분 안에 설치할 수 있다. 공간도 넓은 편이다. 난로와 테이블을 놓아도 성인 2명이 생활할 수 있을 만큼 공간이 충분하다. 확장 공간에는 야전침대를 놓기도 한다.

더 넓은 공간을 원한다면 최근 출시된 트윈 오토 듀얼팔레스를 추천한다. 오토 듀얼팔레스는 성인 2명 이상이 사용할 경우에는 좁다는 의견이 많다. 만약 가족 차박을 계획하고 있거나 3~4명이 차박할 예정이라면 고민하지 말고 트윈 오토 듀얼팔레스를 구입하자. 이너 텐트가 포함되어 있어 전실과 침실을 구분해 이용할 수 있다. 이렇게 장점이 많은 오토 듀얼팔레스지만 무게와 크기는 단점이다. 19kg 이상이라 쉽게 들기 어려운 무게이고 수납공간도 만만치 않게 차지한다.

트윈 오토 듀얼팔레스
69만 원
출처 : 제드코리아

감성 차박에는 폴라리스 우르사

제드와 폴라리스는 편리함과 감성의 대결이다. 우르사는 특유의 웜그레이 색과 예쁜 디자인으로 많은 지지를 받고 있는 제품으로, 현존하는 도킹 텐트 중 디자인과 색이 가장 낫다고 평가받는다. 감성 차박을 추구하는 차박러에게 추천한다. 기본으로 우레탄 창이 포함되어 있어 주차했을 때에도 경치를 즐길 수 있다. 많은 차박러가 장점으로 꼽는 부분이다. 색이 밝아서 자외선 차단이 제대로 될까 걱정할 필요는 없다. 천장 원단에 블랙 코팅을 하여 햇빛을 효과적으로 막아준다.

폴라리스 우르사
62만 2,500원
출처 : 11번가

가격은 62만 2,500원으로 비싼 편이지만 3~4인이 차박하기에 충분할 정도로 실내 공간이 넓고 트윈 오토 듀얼팔레스와 비교해도 넓은 편이다(트윈 오토 듀얼팔레스 : 396×274×205 폴라리스 우르사 : 400×330×210).

제품 구성품을 확인하면 비싸다는 생각이 들지 않는다. 설치하기도 쉽다. 팩다운을 하고 스킨을 고정한 뒤 폴대만 끼워주면 완성된다. 오토 듀얼 팔레스는 기본으로 팩다운 없이 설치가 가능하지만 우르사 설치 시에는 팩다운을 끼워야 한다.

우르사의 단점은 누수와 결로다. 사용을 어떻게 했느냐에 따라 달라지겠지만 우중 차박 시 비가 샌다는 의견도 있었다. 겨울철에 난로를 사용할 경우 결로 현상이 발생하기도 한다. 도킹을 해도 살짝 빈틈이 생겨 찬바람이 들어올 수 있다. 이런 단점에도 불구하고 감성 차박이라는 대세 덕분에 구하기가 어렵다.

가성비? 가심비까지 만족스러운 캠프밸리

생각보다 비싼 도킹 텐트 가격에 놀랐다면, 캠프밸리 제품을 주목하자. 캠프밸리의 2가지 제품을 소개한다.

첫 번째로 소개할 제품은 오토카 하우스다. 캠프밸리의 다른 제품들보다 비교적 설치하기가 쉽다. '오토카'라는 이름답게 폴대가 연결되어 있어 펼치기만 하면 된다. 키 170cm 이상이 서서 생활하기에도 높이가 넉넉한 것이 장점이지만 설치할 때는 단점이 되기도 한다. 사전에 설치 방법을 미리 숙지해 가야 헤매지 않는다. 이너 텐트와 플라이, 2개의 가방으로 구성되어 있다. 이너 텐트 위에는 랜턴을 걸 수 있는 고리도 있어 조명으로 포인트를 주기에 좋다. 가격은 23만 5,000원으로 캠프밸리 제품 중에선 비싼 편이다. 색상은 카키, 라이트블루, 오렌지 중에서 선택하면 된다.

캠프밸리 오토카 하우스
23만 5,000원
출처 : 캠프밸리

다음은 캠프밸리 카셀터S 롱바디 스타렉스 차박 텐트로, 가성비가 뛰어난 제품으로 유명하다. 가격은 16만 8,000원으로 소개할 제품 중 가장 저렴하여 입문용으로 적당하다. 기존 제품인 카셀터S(13만 8,000원)에서 업그레이드된 제품으로 3만 원 정도 차이가 나니 이왕이면 카셀터S 롱바디를 선택하자.

일단 오토카 하우스보다 공간이 넓다. 가방도 1개라서 보관하기에 용이하다. 도킹 텐트지만 자립 또한 가능한 멀티 제품이다. 강풍에도 튼튼하다는 평가가 많으니 바람에 날아갈 걱정은 안 해도 된다.

캠프밸리 카셀터S 롱바디 스타렉스
차박 텐트(범퍼 가림막 포함)
16만 8,000원 / 출처 : 캠프밸리

차박은 야외활동이다. 지형이 험한 곳을 가기도 하고 비바람이 치는 날씨를 만날 수도 있다. 그래서 차박 텐트는 쉽게 상할 수 있다. 비싼 제품을 사용하기가 망설여지는 것이 사실이다. 캠프밸리 제품은 가격이 저렴하고 튼튼해 손이 자주 간다. 국내 제품이라 A/S도 보장된다. 만약 차박을 계속 할지 안 할지 모르는, 한번 도전해보고 싶은 입문자라면 캠프밸리 제품을 구입하자.

완벽한 도킹과 빠른 설치의 제드, 감성적인 디자인과 넓은 공간의 폴라리스, 가성비 좋은 캠프밸리 중에서 어떤 제품이 좋다고 말하기는 어렵다. 각 제품의 개성이 다르기 때문이다. 본인의 취향과 상황에 맞게 선택하면 된다.

최근 출시된 SUV 차량의 경우 차량에 맞는 액세서리를 따로 구입할 수 있다. 어떤 제품을 선택할지 잘 모르겠다면 가장 쉬운 방법은 차량에 맞는 도킹 텐트를 구입하는 것이다.

QM6 전용 도킹 텐트

취사용품

차박에서 빠질 수 없는 것은 바로 음식! '금강산도 식후경'이라는 말이 있다. 차박지에서 자연 경치를 보면서 먹는 캠핑 요리야말로 차박의 꽃이 아닐까. 유료 차박지가 아닌 무료 노지 차박지의 경우, 개수대가 없는 곳이 많아 요리하는 것이 어려울 수 있지만 설거지거리가 많이 나오지 않는 간단한 요리 정도는 충분히 가능하다. 그렇다면 차박지에서 캠핑 요리를 하는 데 꼭 필요한 제품과 있으면 좋은 제품에는 어떤 것이 있을까?

물론 집에 있는 취사용품을 들고 가도 되지만 부피도 클 뿐더러 휴대하기도 쉽지 않다. 그렇기에 캠핑용 취사용품은 최대한 부피가 작고 휴대하기 편리한 제품으로 구입하는 것이 좋다. 또한 취사용품은 오래 사용하기 때문에 신중하게 구입할 것을 추천한다. 차박이나 캠핑을 처음 떠나는 분들에게 다음의 추천 용품이 도움이 되었으면 한다.

구이바다

구이바다 하나면 모든 조리가 가능하다. 구이바다는 버너에 전골 팬, 그릇 받침대, 그릴까지 한 세트로 구성된, 멀티 버너 제품이다. 버너와 팬, 그릴이 휴대용 가방에 함께 들어 있어 별도로 프라이팬이나 냄비를 챙기지 않아도 된다. 전골 팬은 전골 요리, 샤브샤브 등 국물 요리를 하기에 좋다. 또한 그릇 받침대를 장착하면 가스레인지로 사용이 가능하여 냄비나 프라이팬을 올려 조리할 수 있다. 그릴로 바꾸면 숯불 없이도 닭 꼬치나 삼겹살 등을 직화로 구워 숯불로 구운 맛을 낼 수 있다.

구이바다는 옵션을 어떻게 구성하느냐에 따라 가격이 달라지므로 필요한 옵션을 잘 선택하여 구입하면 된다. 코베아, 지라프 등의 브랜드에서 구입 가능하다. 감성 차박을 원한다면 코베아에서 판매하는 레트로하고 감성적인 디자인의 제품을 구입할 것을 추천한다.

코베아 구이바다 블랙에디션 M / 16만 1,000원

아이스박스&워터저그

차박에서 자연 경치를 보면서 마시는 음료의 맛은 그 어떤 것과
도 비교할 수 없을 것이다. 그래서 식재료를 상하지 않게 하고,
시원함을 유지해주는 아이스박스가 필수다. 아이스박스는 노브
랜드부터 브랜드 제품까지 제품이 다양하므로 주머니 사정에
맞춰 구입하면 된다. 대중적으로 가장 인기 있는 제품은 스탠리
에서 출시한 제품이다.

스탠리 어드벤처 쿨러 캠핑 아이스박스 15.1L / 7만 원대

워터저그 또한 차박을 할 때 빼놓을 수 없는 제품이다. 워터저
그가 있으면 물을 받아 쓸 수 있고, 한여름엔 얼음과 물을 채워
다음날까지도 시원하게 물을 마실 수 있다. 또한 차박지 특성상
개수대가 없는 곳이 많기에 식수뿐 아니라 간단한 양치나 그릇
을 행구는 데도 유용하다.

스탠리 어드벤처 프로 그레이드 워터저그 7.5L / 5만 8,000원

가볍고 깨지지 않는 우드 식기 / 감성 키친 툴 케이스

요리도 감성이다. 같은 요리라도 어떤 접시에 어떻게 담느냐에 따라 그 느낌이 완전히 달라진다. 보기 좋은
떡이 맛도 좋다고, 이왕이면 요리를 한층 더 업그레이드해줄 그릇에 담으면 좀 더 맛있게 느껴지지 않을까?
차박지에 무거운 도자기 그릇이나 유리 접시를 가져가기란 쉽지 않다. 가벼운 스텐 식기 세트는 너무 야전
느낌이 난다. 그렇다면 우드 식기를 사용해보자. 가볍고 튼튼하고 휴대하기도 좋다. 우드 식기 하나로 캠핑
요리를 더욱 근사하고 감성 있게 만들어보자.

조리도구는 실리콘으로 된 가벼운 제품들을 추천한다. 집에 있는 조리도구를 가져가거나 다이소나 인터넷에서 캠핑용으로 저렴한 제품을 사두는 것도 나쁘지 않다. 조리도구를 수납할 수 있는 키친 툴도 하나 정도 있으면 휴대하거나 차박지에서 사용하기에 편리하다. 키친 툴에 조리도구를 넣어 돌돌 말아 부피를 줄일 수 있고 차박지에서는 인디언 행어나 테이블에 걸어놓고 편리하게 사용할 수 있다. 또한 디자인도 감성적이고 예뻐서 조리도구 보관함으로 안성맞춤이다.

오아시스 캠핑 키친 툴 케이스 커틀러리 케이스 캠핑 오거나이저 / 2만 5,000원

휴대용 와인잔

차박지에서 음식과 함께 빠질 수 없는 것이 바로 술과 음료일 것이다. 물론 일회용 컵에 술과 음료를 따라 마실 수도 있지만, 쓰레기와 환경 문제를 생각한다면 가급적 사용하지 않는 것이 좋다. 야외에서 분위기 내면서 와인 한잔 하고 싶으나 유리로 된 와인잔을 가져가기에 부담스럽다면 휴대용 와인잔을 추천한다. 잘 깨지지 않는 소재로 되어 있을 뿐 아니라, 휴대용 케이스가 있어서 보관하기도 쉽다. 낭만 차박을 완성시켜 줄 와인잔에 멋진 감성을 가득 채워보자.

휴대용 와인잔 캠핑 솔로 커플 세트 / 1만 원

설거지 가방

취사 후 마지막 단계는 뒷정리 및 설거지다. 오토캠핑장의 경우 개수대에서 뒷정리와 설거지를 하면 되지만, 노지에선 개수대가 없어 설거지를 하기 어려운 경우가 많다. 이때 꼭 필요한 물품이 바로 설거지 가방이다. 오토캠핑장과 노지 두 군데에서 다 유용하다. 캠핑장 같은 유료 차박지에서는 설거지거리를 가방에 한 번에 담아 설거지를 할 수 있고, 노지에서는 가방에 설거지거리를 담아 집에 가져오면 된다. 물론 일반 방수백에 담아도 되지만 전문 가방에 넣으면 좀 더 편하게 사용할 수 있다는 점에서 설거지 가방을 강력 추천한다.

설거지 가방 중에서는 미니멀 웍스 설거지 가방을 추천한다. 미니멀 웍스 설거지 가방은 건조망으로도 사용할 수 있도록 제작된 투웨이 방식의 아웃도어 설거지 가방으로, 설거지와 건조를 동시에 할 수 있어서 편리하다. 이제 설거지 가방을 사용하여 좀 더 깨끗하고 편안하게 뒷정리를 해보자. 차박이 더욱 편리해질 것이다.

미니멀 웍스의 싱크홀 설거지 가방 / 2만 8,000원

05 조명용품

차박에서 절대 빠질 수 없는 하이라이트! 바로 조명이다. 집 안의 인테리어를 아무리 예쁘게 해도 조명이 없으면 아쉬운 것처럼 차 안도 마찬가지다. 차박은 야외에서 이루어지기 때문에 빛의 제약을 많이 받는다. 그래서 조명이 필수이다. 실용적이고 감성을 더해주는 팔방미인 조명에 대해 알아보자.

작지만 존재감은 최고인 앵두 전구

알전구는 차박 및 캠핑 전구로 사용해도 좋고 감성 충만 인테리어용으로 활용하기에 딱인 가성비 끝판왕 감성 조명이다. 어디에나 설치할 수 있고 LED라서 오랫동안 사용할 수 있다. 가볍고 부피가 작아서 부담 없이 챙길 수 있다. 저렴하게 감성 차박을 하고 싶다면 알전구가 딱이다. 밋밋했던 차 안이 한 순간에 멋진 공간으로 변한다. 보통 캠핑 알전구는 건전지 방식이지만, 차박에 사용할 예정이라면 USB 방식을 추천한다. 건전지 소모량이 엄청나기 때문이다. USB 방식은 전력 소모가 크지 않아 보조 배터리로 오랫동안 사용할 수 있다.

LED 빅볼 전구 차박 알전구 / 1만~2만 원대

불멍을 가능하게 해주는 가스 랜턴

가스 랜턴의 인기가 뜨겁다. 감성 캠핑의 필수품이라고 해도 과언이 아니다. LED 제품에 비해 실용성이 떨어지지만 차에서 감성을 밝히기엔 이만 한 아이템이 없다.

가스 랜턴 중에서는 콜맨 루미에르가 가장 인기다. 콜맨은 120년 역사를 자랑하는 아웃도어 브랜드로, 랜턴 제품 중 가장 유명하다. 중고 거래 사이트에 올리자마자 판매 완료가 된다는 콜맨 루미에르 랜턴. 캔들형으로 촛불과 비슷한 외관이 특징이다. 최대 38시간 동안 연속으로 사용 가능하며 별도의 수납 케이스가 제공된다. 가스 랜턴이기 때문에 밀폐된 공간보다는 야외에서 사용하길 권한다.

다음 유명 제품으로는 스노우 피크 녹턴 랜턴이 있다. 녹턴의 인기를 증명이라도 하듯 일명 짭턴 제품(BRS–55)이 등장하기도 했다. 해외 배송 제품이 대부분이라 가격은 천차만별이지만 주로 4만 원 중반대에서 6만 원대로 형성되어 있다. 군더더기 없는 깔끔한 디자인이 고급스러워 보인다. 알루미늄 합금의 두꺼운 유리는 충격에도 강하다. 많은 캠퍼들에게 사랑 받는 이유다.

가격이 부담스럽다면 L2KR의 BOUNCE 호롱에 눈을 돌려보자. 국산 제품에다가 가격이 저렴해 입문용으로 가장 유명한 제품이다. 전용 케이스 내부에 유리 글로브가 파손되지 않도록 스펀지로 싸여 있어 랜턴을 안전하게 보관할 수 있다. 콜맨 루미에르에 비해 크기도 1/2 정도로 아담하고 가벼워 휴대하기 좋다. 작다고 무시하지 말 것. 불빛은 제법 세다.

콜맨 루미에르 / 7만 원대 / 출처 : 콜맨

스노우피크 리틀 램프 녹턴 가스 램프 GL-140 / 4만 원~6만 원대 / 출처 : 스노우피크

L2KR BOUNCE LL–1801 호롱 가스 랜턴 / 2만~3만 원대 / 출처 : L2KR

이소가스 워머를 사용하면 랜턴이 더 돋보인다. 라탄, 가죽, 손뜨개 워머 등 취향별로 골라보자. 같은 랜턴이어도 워머를 어떻게 사용하느냐에 따라 느낌이 달라진다. 차박을 떠난다면 이 정도의 사치쯤은 누려보자.

유리 안에서 일렁이는 불꽃을 보고 있노라면 마음이 평안해진다. 모닥불이 없어도 불멍을 즐기게 해주는 가스 랜턴의 매력에 빠져보자.

출처 : 쿠팡

쓰리아이즈 라탄 이소가스 워머(450g) / 6,500원

알래스카 블랙 가죽 이소가스 워머(450g) / 5,800원

가스 랜턴의 감성은 그대로, 불빛은 2배 밝은 LED 랜턴

가스 랜턴의 호롱 불빛도 감성이지만 밝기가 아쉽고 가스라는 점이 부담스럽다면 LED 제품을 추천한다. 자연에서라면 더더욱 밝은 빛이 필요하다는 건 차박러라면 누구나 공감할 사실.

캠핑용 랜턴으로 유명한 프리즘&크레모아에서 출시한 감성 LED 랜턴이 인기다. 크레모아의 감성 랜턴은 다음과 같다. 각각의 특징과 디자인을 살펴보고 취향에 맞게 선택하면 된다. 각 셰이드(갓)에 고리가 달려 있어 거치할 수 있다는 것이 장점이다. 랜턴은 역시 걸어야 제 맛 아닌가. 또한 USB 충전식이기 때문에 휴대전화 충전기로 충전할 수 있다. 셀레네와 캐빈, 두 모델의 사양은 거의 비슷하다. 최소 밝기로 사용할 경우 최대 55시간까지 사용 가능하다. 아테나는 비교적 가장 최근에 출시된 모델로, 최대 2개의 홈매트가 들어가는 훈증기 기능이 있어 벌레 많은 여름 차박에 딱이다.

출처 : 크레모아

크레모아 램프 셀레네 화이트(CLL-650WH)
13만 7,000원

크레모아 램프 캐빈(CLL-600IV)
12만 7,000원

크레모아 램프 아테나(CLL-780MG)
11만 7,000원

스위스알파인클럽 루미너스 클래식 충전식
LED 랜턴 / 3만 6,000원

스위스알파인클럽의 루미너스 클래식 LED 제품은 가성비 랜턴으로 인기다. 콜맨의 루미에르 랜턴과 디자인이 비슷하지만 USB 충전식의 LED 램프다. 완충할 경우 최대 9시간, 최저 불빛 약 200시간 정도 사용 가능하다. 화이트와 블랙 2가지 색상 중 화이트의 인기가 더 좋다. 커스텀이 가능한 스티커가 동봉되어 취향대로 꾸밀 수 있다. 플라스틱이라 깨질 염려 없이 안전하게 사용할 수 있다는 것도 장점이다. 감성 차박은 선호하지만 가스 랜턴의 단점 때문에 랜턴 구입이 망설여진다면 가격까지 착한 루미너스 클래식 랜턴이 어떨까?

낮에는 소품과 음식이 감성을 더하지만 밤의 감성은 거의 조명이 결정한다. 각자의 취향과 상황에 맞게 다양한 조명을 사용하여 차박의 밤을 밝혀보자. 어둠이 감성으로 가득 채워질 것이다.

06 캠핑용 가구

아름다운 야외 차박지에서 나만의 차박 공간을 만드는 것은 또 다른 즐거움이다. 나만의 차박 공간을 더욱 감성 있고 실용적으로 만들어주는 용품에는 무엇이 있을까?

바로 캠핑용 가구이다. 물론 미니멀 차박을 원하는 차박러들에게 캠핑용 가구는 부담스러울 수 있다. 하지만 최근의 캠핑 가구들은 부피도 크지 않을 뿐더러 집에서도 사용할 수 있을 만큼 예쁘게 나오기에 그 존재감을 십분 발휘할 수 있다. 캠핑도 차박도 '장비발'이라는 말이 있다. 차박러들의 개성대로 예쁘게 꾸며놓은 공간을 보는 것도 차박의 재미 중 하나이다. 아름다운 풍경에서 멋진 캠핑 가구로 나만의 차박 공간을 만들어보자.

우드롤 테이블 & 의자

캠핑용 가구에서 테이블과 의자는 빼놓을 수 없는 필수요소이다. 한번 구입하면 오래 사용하는 제품이라 처음 구입할 때 신중하게 고르는 것이 좋다. 시중에 다양한 제품이 있지만 그중에서도 감성과 실용성을 두루 갖춘 우드 제품을 추천한다. 우드롤 테이블은 접고 펴기에도 간편하고 가격도 저렴해 많은 캠퍼들에게 사랑받고 있다.

이와 세트로 우드 받침대에 흰 캔버스 재질이 조화를 이루고 있는 우드 앤 화이트 캠핑의자를 추천한다. 화이트와 우드의 조합이 깔끔하고 감성적일 뿐 아니라 접고 펴기에도 용이하며 가볍다는 장점이 있다. 야외에서 더 이상 칙칙하고 아웃도어 느낌 나는 테이블과 낚시 의자 대신 우드 테이블과 의자로 분위기를 한층 업그레이드해 보자.

화이트베어 캠핑 우드 체어 / 6만 8,000원

화이트베어 캠핑 우드롤 테이블 / 12만 5,000원

인디언 행어

영화나 만화 속 인디언들이 사용하는 행어와 똑같이 생긴 인디언 행어에 각종 조리도구부터 랜턴, 휴지 등 필수품들을 걸어둘 수 있어 실용적이다. 여기에 모빌이나 조명, 꽃과 같은 감성 소품들을 걸어두면 감성 지수가 200% 차오르는 것을 느낄 수 있다. 우드, 알루미늄 등 소재는 물론 디자인도 다양하여 선택의 폭이 넓다. 알루미늄은 가볍고 설치가 쉽지만 우드 제품은 이에 비해 좀 더 무겁고 설치가 어렵다. 하지만 알루미늄보다는 더 감성적이기에 취향에 맞게 선택해 구입할 것을 추천한다.

미니멀 웍스 인디언 행어 M사이즈(알루미늄) / 5만 5,000원

브라이튼 위크 우드 인디언 행어 셀프
캠핑 행어(우드) / 6만 2,900원

우드 셀프

우드 셀프는 실용적이면서도 감성을 더해주는 차박 필수품이다. 사실 차박을 할 때 필요한 용품들이 세세하게 많은 편인데, 그 용품들을 정리하는 데 셀프만 한 것이 없다. 조리도구 및 식기 등을 정리해두기 편하고 감성용품, 랜턴 등을 놓기에 안성맞춤이다. 셀프가 없다면 비좁은 테이블에 물건들을 올려두게 되어 테이블 공간이 좁아지고, 자칫하면 바닥에 물건들을 아무렇게나 두어 잃어버릴 확률도 있다. 우드 셀프에 캠핑용품들을 깔끔하게 정리하여 편리하고 실용적으로 차박을 즐겨보자.

우드 셀프 캠핑선반 3단 제품과 4단 제품
1만 7,800원 & 2만 6,700원
출처 : 인앤캠핑

랜턴걸이

최근 아웃도어 캠핑과 홈 캠핑에서 랜턴이 인기다. 다양하고 매력적인 랜턴이 많아 기본으로 1~2개 이상의 랜턴을 소지하고 있는 차박러들이 많다. 조명 하나만으로도 차박이 훨씬 더 감성적으로 바뀔 수 있기에 랜턴은 '차박의 꽃'이라 해도 과언이 아니다. 랜턴을 테이블이나 선반 같은 곳에 올려놓고 사용하는 경우도 있지만, 랜턴걸이를 사용하여 알맞은 높이와 공간에 랜턴을 배치하는 경우도 많다. 랜턴걸이 역시 스틸, 우드 등 재질도 다양하고 디자인 및 길이, 브랜드에 따라 가격대가 천차만별이기에 본인의 취향과 주머니 사정에 맞춰 구입할 것을 추천한다.

우드 랜턴걸이 스탠드 삼각대 / 4만 9,900원
출처 : 오늘의 집

감성 파라솔

차박지에선 햇빛과 자외선에 노출되기 쉽다. 이럴 땐 타프나 차량용 어닝 타프를 사용하는 것이 좋다. 타프를 설치하려면 땅에 팩을 박아야 하기 때문에 번거롭고 일부 차박지에선 팩을 박는 행위를 금지하기도 한다. 이럴 때 간편하게 파라솔 하나로 햇빛도 차단하고 감성도 업그레이드해 보는 것이 어떨까? 파라솔은 차박지의 아늑한 지붕 역할뿐만 아니라 그 자체가 하나의 소품이 될 수 있다. 무겁고 부피가 큰 점이 단점이지만, 전용 가방이 있어 휴대하기에 큰 무리는 없다. 나만의 개성 있는 차박지를 꾸미고 인생 샷을 남기고 싶은 차박러들에게 이 아이템을 추천한다.

콜리타스 태슬 우드 파라솔 / 11만 8,000원
출처 : 콜리타스

07 난방용품

추운 겨울, 춥다고 방 안에만 있자니 답답하다. 막상 나가려고 해도 어딜 가야 할지 생각나지 않는다. 이럴 땐 북적북적한 도시를 떠나 겨울을 마음껏 즐겨보자, 바로 차 안에서.

자연의 겨울은 도시보다 춥다. 다른 때보다 난방에 신경 써야 한다. 겨울 차박이 처음이라 어떤 것을 준비해야 할지 모르는 초보 차박러를 위해 기본적인 난방용품을 소개한다.

극강 한파 필수 아이템, 무시동 히터

무시동 히터는 최우선 난방 장비로 꼽히지만 많은 사람들이 위험하다고 인식한다. 매년 겨울이면 무시동 히터를 작동했다가 참변을 당했다는 사고 소식이 종종 들려오기 때문이다. 사고 소식을 들어본 사람들은 무시동 히터의 안전성이 걱정될 것이다. 하지만 너무 걱정하지 않아도 된다. 기본 원리와 구조만 파악하면 안전하게 사용할 수 있다. 독일산 제품부터 가성비 좋은 중국산 제품까지 다양한 제품들이 있다.

독일산 명품 베바스토, 에바스 패커

베바스토 2000 STC / 100만 원대 초중반
출처 : 베바스토 코리아

베바스토는 독일에서만 생산되는 고퀄리티 제품이다. 일단 소음이 작다. 여기서 소개하는 무시동 히터 중 가장 비싼 이유다. 12V와 24V, 2가지가 생산된다. 일반 승용차에는 12V, 화물차에는 24V를 사용하면 된다. 12V가 더 비싼 편이다. 일반 승용차에서는 AT 2000 ST 제품(120만 원선, 장착 제외)이 많이 사용된다. 최근에는 2000 STC 제품이 출시되었다. 열량은 2KW(약 7평형)로 승용차를 훈훈하게 데우기에 충분하다.

에바스패커 D2
출처 : 에바스패커

베바스토는 구하기가 어렵다는 것이 단점이다. 코로나로 인해 물량이 없어 최근에는 구입이 더 힘들어졌다. 이런 단점 때문에 최근에는 에바스패커의 인기가 더 많다. 에버스패커 중에서는 D2가 대중적이다. 가격은 약 70만~80만 원으로, 공임비를 포함해도 베바스토와 거의 비슷하다(약 120만 원). 열량은 2.2KW로 베바스토와 비슷한 수준이다.

가성비 최고! 중국산 무시동 히터

독일산 제품이 좋은 건 알지만 가격이 비싸 선뜻 구입하기 망설여진다. '중국산 무시동 히터'를 검색하면 다양한 제품들이 나타난다. 가격이 천차만별인데, 대략 20만 원 정도면 괜찮은 제품을 구입할 수 있다.

출처 : 구글 검색

중국산 무시동 히터를 구입할 때는 KC 인증마크(국가 통합 인증마크)와 안전 인증번호가 있는지 반드시 확인해야 한다. 중국산 무시동 히터는 저렴한 반면 소음이 크고 A/S가 어렵다는 단점이 있다. 만약 소리가 커서 불편하다면 소음기를 장착하는 것도 방법이다.

무시동 히터를 사용할 때는 혹시 모를 일에 대비해 창문을 5cm 이상 열고, 휴대용 일산화탄소 경보기를 갖추는 것이 좋다. 무시동 히터를 사용하면 차내 온도가 충분히 따뜻해진다. 무시동 히터는 잘 사용하면 편리하고 안전한 난방제품이다. 개인이 직접 설치하기보다는 전문 업체에서 설치받는 것이 좋다.

이동식 무시동 히터[5kw] 12V 차량용 난방 캠핑카 2만 원

출처 : 쿠팡

난방매트

겨울 차박에는 난방매트가 필수다. 난방매트는 한겨울이 아니라도 사계절 내내 필요한 아이템이다. 일교차 심한 봄과 가을은 물론 여름에도 밤공기는 차기 때문이다. 판매되는 모든 난방매트는 KC 인증을 받아야 하므로 해당 인증이 있는지 꼭 확인해야 한다. 전자파에 민감하다면 EMF 인증이 포함된 제품을 고르면 된다. 난방용 매트에도 종류가 많다. 전기매트, 온수매트, 탄소매트 등 종류별로 추천 제품을 살펴보자.

곰표 한일 무자계 전자파 안심 전기요 블랙스타(대)
3만 9,000원 / 출처 : 11번가

전기매트

전기매트는 우리에게 가장 친숙한 제품. 사용이 간단하고 저렴해서 인기다. 예열 시간이 짧아 금방 따뜻해진다. 캠핑용 전기매트로는 곰표 한일전자 무자계 제품이 높은 평점을 자랑한다. 세탁도 가능하다. 2만~3만 원대면 구입할 수 있으므로 저렴한 난방 장비를 찾는 차박러에게 추천한다.

전기매트의 가장 큰 단점은 전자파다. 아이와 함께 차박을 하거나 전자파에 예민한 차박러라면 전기매트보다는 온수매트나 탄소매트를 사용하는 것이 좋다. 만약 전기매트를 구입할 예정이라면 과열 방지, 자동 전원 차단 등의 기능이 있는지 살펴보는 것이 좋다.

따뜻한 방바닥이 그립다면, 온수매트

온수매트는 물을 데워 매트 안에 있는 관으로 순환시켜 발열하는 구조를 가지고 있다. 보일러와 비슷한 원리다. 전기매트에 비해 비싼 편이다. 일반 온수매트는 부피가 크고 소형 보일러가 별도로 필요해 차박에는 적합하지 않다. 보조 배터리로 작동되거나 이소 가스로 충전하는 캠핑·차박용 온수매트를 구입하면 좋다.

이지텍 해피 캠보이 전자동 캠핑 온수보일러

해피 캠보이 전자동 캠핑 온수보일러는 이소부탄가스로 작동한다. 전기를 사용할 수 없는 노지에서 유용하다. 가스 한 통이면 하루는 너끈히 사용할 수 있다. 노지 차박을 선호하는 차박러라면 해피 캠보이 사용을 추천한다.

캠핑 보일러 단품은 34만 원이고 매트를 추가 구입할 수 있다. 매트는 더블(140×200) 기준으로 12만 원이다. 무게도 가볍고 부피도 작아서 보관과 이동이 편리하니 차박에 적합하다.

해피 캠보이 전자동 캠핑 보일러
34만 원
출처 : 해피룸 이지텍

요즘 핫한 탄소매트

전자파의 위험에서 벗어나고 싶다면 탄소매트를 사용하자. 전기매트와 온수매트의 단점을 보완한 제품이다. 비교적 화재의 위험이 적고 전자파 발생도 적다. 다만 신소재를 사용한 만큼 가격이 비싸다. 지나치게 저렴한 제품은 피하는 것이 좋다.

캠핑 브랜드 코보에서 21년형 탄소매트를 출시했다. 코보는 캠핑용 전기장판으로 인지도가 높은 브랜드다. 기존 제품의 '무자계' 열선에 나노카본탄소 성분을 추가한 무전자파 제품이다. 12시간 타이머 기능이 탑재되어 있어 편리하다. 8온스 솜과 5mm 미끄럼방지 도트지로 제작되어 꽤 두툼하다.

코보 탄소 캠핑 전기매트 2021 5세대 캠핑 전기장판 고급형 / 17만 3,000원
출처 : 마이캠핑코보

탄소매트를 구입할 때는 차박은 물론 집에서도 사용할 수 있는 제품으로 고르면 좋다. 원테크 카보니는 탄소매트로 인기가 좋은 브랜드다. 3년 연속 탄소매트 부문에서 소비자 신뢰만족도 1위를 차지했다. 집에서도 사용하고 싶다면 카보니 숯발열 탄소매트를 구입하자. 재질은 면과 극세사 중에서 선택할 수 있다. 세탁기 사용은 금지이고 손빨래는 가능하다. A/S도 보장된다.

카보니 숯발열 탄소매트(극세사 그레이) 2인용 / 21만 9,000원
출처 : 원테크쉬엔

안전한 동계 차박을 위한 필수품, 일산화탄소 경보기

다양한 난방용품을 사용하는 동계 차박에서는 여느 때보다 안전에 유의해야 한다. 앞서 말한 무시동 히터, 전기매트, 가스랜턴 등을 사용한다면 일산화탄소 경보기는 챙겨야 한다. 차박하는 데 경보기까지 필요해?라고 생각할 수 있지만 무엇보다 중요한 건 안전이다. 부피가 크지 않으니 꼭 챙겨 가도록 하자. 안전과 직결되어 있으니 안전 인증을 받은 국산 제품이나 유럽 표준 인증을 받은 제품을 쓰는 것이 좋다.

하니웰

차박러들이 많이 찾는 유명한 브랜드다. XC70, XC100D 제품의 선호도가 높다. 두 제품의 사양은 거의 비슷하지만 센서 수명 기간이 XC100D가 10년으로 더 길다. 또한 XC100D의 경우 알람 시 액정에 문구가 나타나고 현재 농도가 표시된다. XC70에는 액정이 없고 알람에 충실하다. 단순 알람 기능이 필요하다면 좀 더 저렴한 XC70을 구입하면 된다. 하니웰은 저렴한 편이 아니라서 많은 차박러들이 직구를 통해 구하기도 한다.

하니웰 XC100D / 8만~10만 원대
출처 : 쿠팡

하니웰 XC70 / 4만~6만 원대
출처 : 인터파크

일산화탄소는 공기보다 가볍기 때문에 경보기는 위쪽에 설치해야 한다. 위치를 잘못 잡으면 일산화탄소 감지가 안 될 수도 있다. 경보기를 어디에 설치해야 할지 잘 모르겠다면 머리맡에 놓는 것이 좋다.

Part 4

아이와 함께하는 차박

아이와 떠나는 차박, 이 정도는 알고 가자

아이와 여행을 떠날 땐 평소보다 더 꼼꼼하게 준비물을 챙겨야 한다. 짐을 싸기 시작하는 순간 정신이 없어진다. 이런 것도 필요할까 싶어 이것저것 챙기다보면 어느새 짐이 한 가득이다. 차박을 떠나려면 가방은 되도록 가볍게 싸는 것이 원칙이므로 무엇을 빼야 할지 고민이 될 것이다. 이제 아이와 가족을 위해 꼭 챙겨야 할 필수품에 대해 알아보자.

비상약 준비는 선택 아닌 필수

차박과 같은 야외활동을 하면 많은 위험에 노출된다. 급한 경우에는 근처에 있는 병원이나 약국에 가면 되지만 공기 좋고 물 좋은 곳을 찾다보면 편의시설과는 거리가 멀어진다. 혹시나 모를 일에 대비해 비상약을 챙기면 요긴하게 사용할 수 있다. 특히 아이가 어리다면 더더욱 챙겨야 한다. 아이들은 환경이 조금만 바뀌어도 아픈 경우가 많기 때문이다.

동아제약 해열제 챔프 / 출처 : 동아제약

일양약품 소화제 위제로 / 출처 : 일양약품

동국제약 마데카솔 파우더, 뿌리는 상처치료제 / 출처 : 동국제약

평소보다 약간 무리했거나 컨디션 조절에 실패했다면 열이 날 수 있다. 요즘은 해열제가 1회용 스틱으로 나와서 챙겨 가기가 편리하다. 물이 없어도 간편하게 복용할 수 있다.

다음은 소화제와 지사제다. 집과 다른 환경의 여행지에 가면 음식이 입에 맞지 않을 수 있다. 차박을 가면 좋은 시설을 기대하기 어렵고 화장실 찾는 것도 어렵다. 설사가 계속되면 불편할 수 있으니 지사제도 필요하다.

마지막 약품은 밴드와 상처치료제다. 아이들은 나뭇가지만 스쳐도 상처가 난다. 벌레에 물리는 일도 빈번하다. 이럴 때는 상처치료제를 발라야 한다. 화상을 입었을 때에도 요긴하게 쓰인다. 최근에는 분말형 상처치료제가 인기다. 손에 묻히지 않고도 상처 부위에 뿌릴 수 있어서 위생적이다. 플라스틱 케이스라서 내용물이 짐에 눌려 새어 나오지 않아 아웃도어 활동에 더욱 적합하다.

내 아이를 지켜줘! 미니 가습기

봄, 가을, 겨울은 매우 건조하다. 거기다가 봄에는 황사, 가을에는 미세먼지가 기승이다. 하지만 아이러니하게도, 우리나라에서 캠핑과 차박을 가장 많이 하는 계절은 봄과 가을이다.

잘못하면 심한 감기에 걸릴 수 있다. 아이들은 습도에 민감하다. 따라서 가습기는 아이와 함께 차박을 떠나는 부모가 챙겨야 할 필수품이다. 차량 내부가 좁아 미니 가습기로도 충분하다. 휴대용 공기청정기까지 있다면 금상첨화일 것이다. 부피도 작으니 꼭 챙겨 가자. 2만~3만 원 대 제품이면 된다. 차박의 질이 올라갈 것이다.

오아 듀얼미스트 무선 미니 가습기
출처 : 오아

태양을 피하는 방법, 차량용 햇빛가리개

햇빛가리개 역시 필수품이다. 차박에서 가장 중요한 것은 쾌적한 잠자리다. 떠오르는 아침 해와 함께 깨고 싶지 않다면 햇빛가리개를 챙기자. 외부에서 차 안을 볼 수 없도록 프라이버시까지 지켜준다. 어쩔 수 없이 햇볕 아래 차를 세워두어야 하는 경우에도 햇빛가리개는 유용하다. 최근에 출시된 SUV 차량에는 햇빛가리개가 포함된 경우도 많다. 햇빛가리개는 여름철 자동차 실내 온도를 낮추는 데도 도움이 된다.

에스뷰 차량용 햇빛가리개
출처 : 에스뷰 스토어

차박의 품격이 올라가는 계절용품 추천

낮엔 아무리 덥다고 해도 밤바람은 차다. 창문 틈새로 바람이 솔솔 들어온다. 더워서 땀을 흘리고 자다보면 감기에 걸리기 십상이다. 특히 봄 · 가을은 일교차가 심해 실내 온도 조절이 필요하다. 난방용품으로는 무시동 히터가 가장 대중적이지만 사고 위험이 있다. 특히 아이와 함께 가는 여행에서는 주의해야 한다. 이럴 때는 핫팩 방석을 추천한다. 3장 정도를 붙이면 전기장판 부럽지 않다. 핫팩보다 크고 따뜻하다. 부피도 가벼워 챙기는 데 부담이 없다.

더위에 지쳤다면 워터저그를 챙기자. 제품별로 약간씩 다르지만 보통은 얼음이 60시간 유지된다. 60시간이라면 1박 2일 차박에 충분하다. 차박 열풍이 불어 닥친 2020년에는 워터저그를 구입하기 위해 마트 앞에서 몇 시간씩 진을 치고 기다리는 진풍경이 펼쳐지기도 했다. 최근에는 물량이 많이 풀려 대략 5만 원 내외면 구할 수 있다. 물이 나오는 부분에 수도꼭지가 있어서 정수기처럼 사용할 수 있다. 아이가 엄마, 아빠에게 물을 달라고 부탁할 필요 없이 자유롭게 마실 수 있으므로 부모 입장에서도 편리하다. 얼음 동동 띄운 물 한 잔이면 더위는 싹 사라질 것이다.

스탠리 어드벤처 워터저그 7.5L
출처 : 스탠리코리아

다이소 핫팩 방석
출처 : 다이소몰

차박이 더욱 즐거워지는 시간, 뭐하고 놀까?

가족과 차박 인생 샷, 알아두면 좋은 사진 기법

차박을 가면 가족과 인생 샷을 찍을 기회가 여러 번 생긴다. 초보자도 따라할 수 있는 스마트폰으로 사진 찍는 방법을 살펴보자.

먼저, 스마트폰 카메라의 격자(그리드) 기능을 활용해보자.

수평, 수직만 잘 맞추어도 좀 더 안정감 있는 사진을 찍을 수 있다. 대부분의 카메라 앱은 일종의 그리드 라인 옵션을 제공한다. 하지만 기본 설정이 되어 있지 않다. 스마트폰에서 그리드를 사용하면 사진을 구성하는 데 큰 도움이 된다. 다음은 아이폰에서 그리드를 설정하는 방법이다.

'설정' 화면의 '카메라' 옵션에서 '격자' 기능을 활성화시킨다. 화면처럼 삼분할 그리드가 표시된다.

삼분할 구도는 사진을 촬영하는 데 가장 기본이 되는 프레임이다. 삼분할 구도를 어떻게 활용하느냐에 따라 사진에 포함되는 의미가 달라진다. 사진을 촬영하고 보정을 통해 구도를 맞추는 것도 가능하지만, 구도를 활용해 촬영하면 불필요한 수정 작업을 줄일 수 있다. 여기에 기존 화각을 유지해 보다 풍부한 느낌을 낼 수 있다.

두 번째, 삼각대, 셀카봉, 컨버전 렌즈 같은 보조 액세서리를 사용해보자.

출처 : pixabay

셀카봉, 미니 삼각대, 셀카 렌즈를 비롯해 블루투스 리모콘까지 다양한 소품을 활용해보자. 특히 노출이 긴 사진이나 영상 촬영을 위해서는 삼각대가 필수다. 뿐만 아니라 스마트폰에 장착된 렌즈가 아닌, 카메라 렌즈 위에 덧붙이는 컨버전 렌즈를 사용하면 개성 있는 사진을 찍을 수 있다.

출처 : pinterest

스마트폰에 미니 삼각대를 결합한 후 타이머를 맞춰 촬영하면 된다. 더 나은 구도를 원한다면 직접 구도를 확인하면서 찍으면 좋다. 카메라와 스마트폰을 와이파이나 블루투스로 연결하면 스마트폰을 카메라 리모콘으로 사용할 수 있다. 이 기능을 적극 활용하여 사진을 찍자.

출처 : pixabay

여행지 풍경을 잘 찍어보자

사진을 찍고 나면 실제 풍경과 촬영된 사진의 느낌이 다른 경우가 있다. 풍경 사진을 잘 찍기 위해 알아두어야 할 가장 기본은 '구도'를 잘 맞추는 것이다. 같은 장소, 같은 피사체를 두더라도 구도의 균형이 깨진다면 어색해 보일 수 있다. 앞에서 말했듯이, 그리드를 이용한 수직과 수평 맞추기는 풍경 사진의 가장 기본이다.

출처 : pxhere

여행지에 가면 보통 일출, 일몰 사진을 많이 찍는다. 일출과 일몰 사진을 잘 찍으려면 어떻게 해야 할까?

일출과 일몰 사진의 포인트는 하늘의 그러데이션이다. 색 변화가 뚜렷한 구간에 포인트를 맞추어 촬영하면 감성적인 사진을 찍을 수 있다. 해가 비추고 있는 부분이 밝고, 주변부로 갈수록 어두워진다. 그렇기 때문에 노출값을 잘 조정해야 한다. 스마트폰 카메라는 노출을 자동으로 잡아주므로 밝기만 잘 조절하면 된다. 광원인 태양 부분을 터치하면 노출값이 낮아지고 구름의 디테일은 살아나 극적인 연출이 가능하다.

우리 가족을 위한 인물 사진 인생 샷

차박을 가서 찍은 사진은 모두 추억이 된다. 그중에서도 자주 보게 되는 것은 바로 '우리 가족'이 담긴 인물 사진이 아닐까. 어쩌다 운 좋게 한 번 나올까 말까 한 '인생 샷'을 찍었다는 말도 바로 '인물 사진'을 두고 하는 이야기가 대부분이다. SNS에 업로드하고 싶은 인물 사진은 어떻게 찍어야 할까?

1. 로우 앵글 촬영

다른 사람의 사진을 많이 찍어본 사람이라면 다 아는 촬영 기법이다. 인물의 발끝에 약간 여백을 두고 사진 아래쪽을 맞추어 촬영하는 기법이다. 이렇게 촬영하면 인물이 길어 보이는 효과가 생긴다. 로우 앵글로 찍은 인물이 좀 더 길어 보이고 비율이 좋아 보이는 것을 확인할 수 있다.

정면에서 찍은 사진   로우 앵글 촬영

2. 실루엣 촬영

출처 : pixabay

야경, 일출, 일몰을 배경으로 인물 사진을 찍을 경우에는 얼굴 윤곽이 잘 드러나게 하는 것보다 역광을 이용하여 실루엣으로 촬영해보자. 실루엣 촬영은 대상물의 뒤에서 빛을 비추면서 촬영한다.

실루엣 촬영을 위한 몇 가지 팁이 있다. 해뜨기 30분 전, 해지고 30분 후면 빛이 사람의 키보다 낮아진다. 본인이 원하는 역광 위치에 맞게 촬영하면 된다. 그러면 분위기 있고 감성적인 연출을 하여 '인생 샷'을 남길 수 있다. 단, 빛이 부족한 만큼 사진이 흔들릴 수 있으므로 흔들림을 최소화할 수 있는 곳에 카메라를 거치하거나 삼각대를 사용한다.

3. 세로형 파노라마 촬영

'파노라마'라고 하면 보통 가로형 파노라마 사진을 떠올린다. 세로 파노라마를 찍으면 인생 샷을 남길 수 있다. 카메라를 가로로 잡고 파노라마 모드로 바꾼 후 천천히 위로 패닝하여 촬영하면 다음과 같이 멋진 인생 샷이 만들어진다.

출처 : unsplash

4. 아웃포커스 촬영

인물 사진을 찍을 때 가장 중요한 것은 배경이다. 배경을 함께 보여줄지 말지부터 결정해야 한다. 인물과 어울리지 않는 배경이라면 없애는 게 낫다. 이때 아웃포커스 기능을 활용해보자. 배경을 흐릿하게 만들어서 인물에 시선이 집중되게 만드는 것이다.

스마트폰으로 아웃포커스 촬영을 할 때 기억해야 할 팁은 피사체와 배경의 거리는 멀수록 좋다는 것이다. 피사체와 렌즈의 거리는 가까울수록 좋다.

출처 : pxhere

차박 중 아이와 즐길 넷플릭스 영화 3선

집에만 있기엔 너무 좋은 날씨. 바야흐로 차박의 계절이다. 답답해하는 아이의 요구에 차박을 떠났다면, 이제 차 안에서 무얼 하고 보낼까. 가장 좋은 방법은 차 안에서 영화를 보는 것이다. 밀폐된 실내 영화관 방문이 어려워 아쉬웠다면, 가족 영화관으로 만족해보자. 차 안 영화관의 매력은 100% 언택트라는 점이다. 어떤 음식이든 먹을 수 있고 눕거나 앉아서 볼 수도 있다. 재미있는 장면이 나오면 박수를 치거나 벌떡 일어나도 상관없다.

자동차는 생각보다 훌륭한 영화 감상 공간이다. 밀폐된 공간이라 집중이 잘된다. 휴대용 빔 프로젝트만 있으면 완벽하지만 없어도 괜찮다. 노트북, 스마트폰, 태블릿PC 등으로 영화를 재생하면 된다. 사운드는 블루투스를 통해 카 오디오로 출력하면 된다. 요즘 승용차의 카 오디오는 풍부하고 섬세한 영화 사운드를 듣기에 모자람이 없다. 이만큼 좋은 영화관이 또 있을까? 차박을 떠나는 당신과 아이들이 함께 즐길 수 있는 넷플릭스 영화를 골라봤다.

66번 루트 횡단을 꿈꾸며 〈카〉

믿고 보는 디즈니와 픽사가 공동 제작한 슈퍼 흥행 시리즈 〈카〉. 자동차를 의인화하여 표현한 캐릭터로 인기를 끌었다. 자동차가 마치 사람처럼 말하고 행동하는 것은 아이들의 상상에서나 벌어지던 일이었을 것이다. 총 3편의 〈카〉 시리즈는 모두 넷플릭스에서 볼 수 있다. 이중 첫 번째 이야기인 〈카〉을 추천한다. 2006년에 개봉했는데 지금 봐도 뛰어난 작품이다. 주인공은 빨간색 레이싱 카 '맥퀸'이다. 맥퀸은 경주에서 성공하는 것만이 인생의 전부라고 생각한다. 1등을 가리기 위한 최종 챔피언십 레이스 도중 길을 잃고 66번 국도에 있는 시골 마을에 들어가면서 겪는 이야기를 담았다. 등장하는 과거의 명차들, 박진감 넘치는 레이싱, 66번 도로변의 아름다운 풍경 등 볼거리가 풍성하다. 질주만이 인생의 목표였던 맥퀸에게 메이터가 들려준 "뒤도 돌아볼 줄 알아야 돼. 후면거울이 있잖아?"라는 대사가 이 영화의 핵심 메시지다.

영화는 경주에서 우승하고 명성을 얻는 것만이 가치 있는 게 아니란 걸 알려준다. 인생이라는 경주에서 중요한 건, 목적지가 아닌 과정이라는 소중한 교훈을 깨달을 수 있다. 아름다운 Route 66을 따라 펼쳐지는 맥퀸의 이야기와 함께 자동차 여행을 떠나보자. 아이는 Route 66 횡단을 꿈꾸는 멋진 여행자가 될 것이다.

바다 차박을 계획한다면 〈벼랑 위의 포뇨〉

넷플릭스에 지브리 스튜디오가 상륙했다. 미야자키 하야오 감독 작품 중에는 아이가 주인공인 영화들이 많다. 이 영화의 주인공 역시 다섯 살 소년 소스케와 소녀 포뇨다. 포뇨는 인면어와 인간 사이에서 태어난 아이다. 인어공주를 모티프로 한다. 이 영화는 언제 봐도 따뜻하고 기분 좋다. 바다를 배경으로 펼쳐지는 호기심 가득한 다섯 살 아이들의 이야기를 볼 때마다 어린 시절로 돌아간 듯한 기분이 든다. 다소 개연성이 부족하다 느낄 수 있지만 이 영화는 순수하게 아이의 시선으로 봐야 한다. 바다를 중심으로 전개되는 판타지 동화는 아이들의 상상력을 풍부하게 해줄 것이다.

아이와 차박할 때 장소별로 어울리는 영화를 선정해 같이 감상해보자. 이번 차박을 바다로 계획하고 있다면 이 영화가 딱이다. 아이는 부모와 함께 본 영화를 볼 때마다 자연스럽게 그 시간을 추억할 것이다. 아이에게 잊지 못할 영화의 추억을 선사해보자.

출처 : 네이버

정글 서바이벌 게임 〈쥬만지 : 새로운 세계〉

레전드 쥬만지가 22년 만에 돌아왔다. 영화 〈쥬만지 : 새로운 세계〉는 우연히 '쥬만지' 게임 속으로 빨려 들어간 아이들이 자신이 선택한 아바타가 되어, 온갖 위험이 도사리고 있는 미지의 세계를 탈출하기 위해 스릴 넘치는 모험을 펼치는 액션 어드벤처다.

아이들은 정글을 탈출하기 위해 다양한 미션을 수행해야 한다. 빽빽한 밀림은 물론 아찔한 절벽과 폭포수, 드넓게 펼쳐진 초원까지 어디서도 본 적 없는 정글의 환상적인 비주얼을 배경으로 흥미진진한 어드벤처가 펼쳐진다. 여행이나 모험과 어울리는 영화다. 아이에게 '엄마가 어릴 적에 본 영화'라는 사실을 알려준다면 아이는 더

흥미로워할 것이다. 오리지널 〈쥬만지〉 영화를 기억하는 부모라면 이 영화를 주목하자. 부모에게는 어릴 적 향수를, 아이에게는 상상력을 심어주는 좋은 영화다. 기회가 된다면 〈쥬만지〉와 〈쥬만지 : 넥스트 레벨〉도 찾아서 보자.

오줌싸개 아이와 불놀이, 차박 불멍 노하우

캠핑의 꽃은 단연 불멍이다. 누구나 한 번쯤은 옹기종기 둘러 앉아 불멍을 한 기억이 있을 것이다. 차박은 통상 불멍과는 거리가 멀지만 오토캠핑장에서라면 가능하다. 안전 수칙을 지킨다면 더할 나위 없이 즐거운 경험이 될 수 있다.

불멍 준비물은 간단하다. 튼튼한 화로대만 있으면 된다. 최근에는 1만 원대로도 구입할 수 있는 가볍고 저렴한 화로대도 나왔다.

스노우피크 화로S(R) / 10만 9,000원 출처 : 스노우피크

대중적으로 널리 알려진 화로대 원조 모델은 스노우피크 제품이다. 역삼각형 뿔 모양으로 폴딩이 가능해 수납 부피가 크지 않다. 스노우피크 화로대는 '모닥불을 즐기되, 자연에 해를 끼치고 싶지 않다'는 신념으로 개발되어 1996년 처음 등장했다. 스노우피크 화로대만 있다면 자연을 훼손하지 않고 불멍을 즐길 수 있다. 지면과 거리를 두기 위해 높은 스탠드를 장착했다. 그 아래에는 열기가 땅으로 직접 전달되는 것을 막기 위한 베이스 플레이트(화로대 받침)가 있다. 대부분의 화로대는 스노우피크 사의 제품을 참고하여 개발한 것이라고 보면 된다. 문제는 10만 원을 넘어가는 가격이다.

최근에는 2차 연소를 지원하는 화로대가 인기다. 완벽하게 연소되기 때문에 일반 화로대에 비해 연기가 적게 나고 재의 양도 적다. 대표 모델로는 솔로 스토브가 있다. 일반 장작 대신 팰릿을 사용하면 아름다운 불꽃을 볼 수도 있다. 나무가 타들어 가는 것을 직접 볼 수 없다는 단점이 있지만 불길이 위로만 올라가서 안전하다는 평가도 있다. 아이와 함께하는 차박족에게 추천하는 제품이다.

솔로 스토브 캠프파이어 레인저 / 10만 원대
출처 : 쿠팡

아이와 함께 불멍을 즐긴다면 무엇보다 안전에 유의해야 한다. 아이가 불 옆으로 가지 않게 세심하게 살피는 것은 기본이다. 좀 더 안전한 불멍을 즐기고 싶다면, 화로대 주위에 테이블을 배치하는 것도 좋은 방법이다. 유명 브랜드들은 자사의 화로대와 짝을 이루는 테이블을 판매한다. 스테인레스, 우드 등 다양한 제품들이 있으니 용도에 맞는 제품을 구입하면 된다. 테이블을 배치하면 화로대와 아이 사이에 어느 정도 안전거리를 확보할 수 있다. '화로대 테이블'이라고 검색하면 많은 제품들이 나온다.

겨울철 뉴스에 빠지지 않고 등장하는 사건사고 중 하나가 질식 사고다. 화로대는 절대로 텐트 안으로 들여선 안 된다. 춥다고 잔불이 남아 있는 화로대를 텐트나 차 안으로 들였다가는 화재 위험뿐 아니라 질식사의 우려도 있다. 불은 꺼지기 직전에 다량의 일산화탄소를 내뿜는다. 이 점을 유의해야 한다.

휴대용 소화기는 선택이 아닌 필수다. 화로대를 잘 관리한다고 해도 화재의 위험은 언제나 도사리고 있다. 불의의 화재 사고가 발생했을 때 빠르게 대처할 수 있도록 휴대용 소화기를 준비하자. 미처 소화기를 준비하지 못했다면, 큰 냄비에 소방수를 담아두는 것도 방책이다.

불멍이 끝나고 잠자리에 들기 전에 불이 완전히 꺼졌는지 반드시 확인해야 한다. 잔불이 남아 있진 않은지 불 속까지 세심히 살펴야 한다. 겉만 보고 불이 다 꺼졌다고 방심하는 순간 화재가 발생할 수 있다. 아름다웠던 불이 어느 순간 우리 가족의 생명을 위협하는 화마로 돌변할 수 있다.

누구나 꿈꾸는 차박의 꽃 불멍. 안전 수칙에 유념한다면 보다 안전한 차박을 즐길 수 있을 것이다.

'차콕'하며 보드게임 한판

집콕이 지겨웠다면 이번엔 '차콕'이다. 눈이 피로한 디지털 게임은 잠시 접고 아날로그 감성의 보드게임을 즐겨보자. 집중력과 기억력까지 향상시킬 수 있다. 보드게임은 약간의 개인차가 있지만 대개 네 살 정도에 시작하는 것이 좋다고 한다. 아이가 아직 어리다면 규칙이 복잡한 게임보다 약간 단순한 것을 선택하자. 얼음 깨기 놀이, 나무 블록 쌓기, 도미노 같은 게임을 추천한다. 활발한 아이는 정적인 놀이를 다소 지루해할 수도 있다. 그럴 때는 '스터디버디' 같은 온 몸으로 즐기는 게임을 해보자. 몸을 쓰면서 땀을 흘리다보면 아이들과 더 친해질 것이다.

일단 보드게임을 시작하면 아이는 어느새 집중하게 된다. 대부분의 게임은 약 15~20분 정도 시간이 걸린다. 보드게임 몇 판에 아이의 집중력이 높아지는 것을 볼 수 있다. 단, 너무 교육적인 측면을 강조하면 아이가 흥미를 잃을 수 있다. 게임은 즐겁고 재미있게 해야 한다.

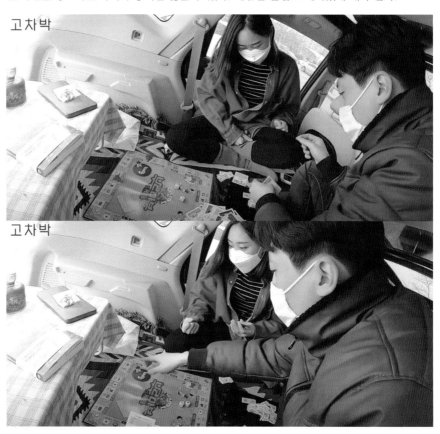

눈 맞추고 놀이로 대화하는 보드게임

요즘에는 어딜 가나 스마트폰만 들여다보는 사람들이 많다. 차 안에서도 마찬가지다. 가족들이 모인 차에서도 대화를 하는 것이 아니라 각자의 스마트폰을 쳐다보느라 정신없다. 오롯이 가족들이 모인 차 안은 대화하기 좋은 장소다. 가족 여행을 가도 서로 스마트폰에 집중하느라 대화하기 어려웠다면 이번 여행은 보드게임으로 소통해보자.

보드게임은 혼자서 할 수 있는 게임이 아니다. 최소 2인이 해야 한다. 디지털 게임과 달리 직접 얼굴을 마주보고, 주사위를 굴리고, 카드를 넘기며 끊임없이 상대방과 대화해야 한다. 상대가 어떤 패를 쥐고 있는지 떠보기도 하고 내 카드를 숨기기 위해 때로는 상대를 속이기도 해야 한다. 웃으며 자연스럽게 대화를 즐길 수 있다. 대화 주제를 힘들게 정할 필요도 없다. 아이와 놀고 싶지만 무엇을 하고 놀아야 할지, 어떻게 놀아야 할지 모르는 부모에게 보드게임은 좋은 놀이 및 소통 수단이 될 수 있다. 대화가 줄어드는 아빠와 아이, 잔소리만 늘어놓는 엄마가 쉽게 소통할 수 있다.

보드게임은 눈이 즐거운 게임이 아닌 손이 즐거운 게임이다. 아날로그 게임이기 때문에 누릴 수 있는 특별한 매력이 있다. 직접 점수를 계산하며 종이에 기록하는 재미를 느낄 수 있다. 게임에서 중요한 것은 이기고 지는 것이 아니라 정정당당하게 규칙을 지키며 재미있게 하는 것이라는 사실도 잊지 말고 알려주자! 하버드대 교수이자 아동심리학자인 앨빈 로젠필드가 강조한 것처럼 '보드게임은 부모와 자녀와 함께 시간을 보내기에 가장 완벽한 방법'이다.

출처 : www.pexels.com

Part 5

차에서 즐기는 차숙랭 가이드

아이들과 알콩달콩 재미있게 만드는 음식

시각과 청각으로 아름다운 자연을 만끽한 다음에는 오감의 나머지 요소인 후각, 미각, 촉각을 만족시킬 차례다. 차박의 꽃은 바로 음식이다. 소박하고 아름다운 풍경을 배경으로 아이와 함께 요리를 즐기는 것만큼 즐거운 경험이 있을까? 아이와 함께 음식을 만드는 시간은 부모와 아이 모두에게 잊지 못할 소중한 시간이 될 것이다. 또한 아이와 같은 활동을 공유하면 정서적으로 더욱 친밀해질 수 있는 기회가 된다.

식사를 준비하는 동안 아이에게 스마트폰을 보여주기보다 아이와 함께 재료를 손질하고 함께 요리하자. 차박지에서 아이와 함께 만드는 음식의 핵심은 준비와 조리가 간단해야 한다는 것이다. 아이가 좋아하는 메뉴라면 더욱 좋다! 아이가 재료를 만지며 촉감을 느끼고 후각, 미각 등 다양한 감각을 느낄 수 있게 하자. 아이와 함께 만들어볼 수 있는 간단한 요리 세 가지를 추천한다.

남녀노소 누구나 좋아하는 국민 간식 '소떡소떡'

재료   소시지, 쌀떡, 케첩 1T, 고추장 1T, 물엿 1T, 식초 1t, 설탕 1T, 다진 양파(생략 가능), 꼬치

레시피   ❶ 떡은 찬물에 깨끗이 씻어 물에서 30분 정도 불린다.

❷ 소시지에 가볍게 칼집을 낸다.

❸ 소스를 만든다. 케첩 1T, 고추장 1T, 물엿 1T, 식초 1t, 설탕 1T, 다진 양파(생략 가능).

❹ 나무꼬치에 소시지와 떡을 교대로 꽂는다.

❺ 구이바다 또는 프라이팬에 굽는다.

TIP   아이와 함께 떡을 씻고 불려보자. 아이는 떡과 소시지의 탱글탱글한 촉감을 느끼며 꼬치에 하나 하나 끼우는 재미를 느낄 것이다. 소스는 차박지에서 만들어도 되지만, 양념이 많이 필요하니 집에서 미리 만들어가는 것이 좋다. 아이와 함께 만들기 쉬우면서도 오감을 만족시킬 수 있는 맛있는 간식으로 소떡소떡을 적극 추천한다.

아이들에게 인기 만점 '떡갈비 미니 버거'

재료　모닝빵, 떡갈비(시판용), 돈가스 소스(시판용), 마요네즈, 양상추, 토마토, 슬라이스 치즈

레시피
❶ 떡갈비를 프라이팬에 굽고 한입 크기로 썬다.
❷ 양상추는 적절한 크기로 자르고, 토마토도 한입 크기로 자른다.
❸ 슬라이스 치즈를 모닝빵 사이즈에 맞게 자른다.
❹ 모닝빵을 반으로 가르고 양상추–치즈–토마토–떡갈비–마요네즈–돈가스 소스 순으로 얹는다.
❺ 모닝빵 윗면을 얹어서 균형을 맞춘다.

TIP　아이와 함께 재료를 씻고 하나하나 채워간다는 느낌으로 만들어보자. 채소를 좋아하지 않는 아이들도 달콤한 떡갈비가 들어간다면 거부감이 덜할 것이다. 만드는 과정도 간단하고 맛도 좋아 아이들에게 인기 만점인 떡갈비 미니 버거! 차박지에서 아이와 함께 즐겁게 만들어보자.

알록달록 '과일꼬치 초콜릿 퐁듀'

재료　　계절과일(딸기, 귤, 바나나, 키위, 사과 등 원하는 과일로 준비), 마시멜로, 초콜릿, 꼬치

레시피　　❶ 과일을 한입 크기로 썬다.
　　　　　　❷ 꼬치에 과일-마시멜로-과일 순으로 꽂는다.
　　　　　　❸ 초콜릿을 중탕으로 녹인다.
　　　　　　❹ 과일꼬치를 녹인 초콜릿에 담근다.

TIP　　아이와 함께 새콤달콤한 과일꼬치 초콜릿 퐁듀를 만들어보자. 알록달록 과일부터 폭신한 마시멜로까지, 후각 청각 촉각 등 오감이 만족스러운 요리가 될 것이다. 초콜릿을 좋아하는 아이들에겐 만드는 과정도 즐겁고 미각도 사로잡는 매력적인 디저트가 아닐 수 없다. 다만 초콜릿을 녹일 때 불을 사용하기 때문에 최대한 안전에 유의해야 한다.

간편한데 맛도 좋아, 밀키트

출처 : pixabay

야외에서는 무엇을 먹어도 맛있다. '야외에서 먹는 라면은 언제나 진리다.'라는 말도 있지 않나. 코로나로 인해 여러 사람이 모이는 식당 방문이 부담스러워 외식을 꺼렸다면 밀키트를 챙겨보자. 밀키트는 외식의 훌륭한 대안이 된다. 새소리와 물소리를 벗 삼아 야외에서 가족과 즐기는 식사는 꿀맛이다. 손질된 재료와 소스, 비교적 저렴한 가격의 밀키트는 맛있고 간편해서 차박의 필수품이라 할 수 있다. 또한 정량의 재료로 포장되어 있어 잔반 걱정이 없다는 것도 장점이다.

상황별 밀키트 추천

취사가 가능한 일반 차박이냐 흔적 없이 다녀오는 '스텔스 차박'이냐에 따라 준비해야 할 밀키트의 종류가 달라진다. 차에서 숙박하는 것 외에는 거의 캠핑과 비슷한 일반 차박의 경우 고기, 탕, 국 등의 제품을 선택하면 된다. 스텔스 차박을 한다면 동결 건조식품이나 비화식(발열 도시락처럼 불을 사용하지 않고 간편하게 먹을 수 있는 음식)으로 간편하게 즐길 수 있는 밀키트를 선택하는 것이 좋다.

스텔스 차박에선 핫앤쿡 발열 도시락이 최고

핫앤쿡 제품은 찬물만 부어도 뜨거운 밥이 되는 비화식 제품이다. 보온병에 뜨거운 물을 넣어 가야 한다거나 버너나 코펠을 챙기지 않아도 찬물만 있으면 발열체를 이용해 따뜻한 밥을 먹을 수 있다.

비빔밥 시리즈는 120g, 라면愛밥 시리즈는 110g으로 가볍고 열량이 높아 가벼운 짐을 선호하는 차박러들에게 추천한다. 내포장지 안의 선까지 물을 붓고, 외포장지 안에 넣은 발열체 위에 내포장지를 넣은 뒤 물을 붓고 지퍼를 닫으면 조리 끝. 아주 간편하다. 내포장지 안에는 식수를 부어야 하

출처 : 핫앤쿡

지만, 발열용으로 부어야 하는 170mL의 물은 식수가 아니어도 되므로 근처의 계곡물 등을 이용하면 된다. 먹고 난 후 쓰레기는 파우치 안에 넣어 잠근다. 마지막 뒤처리까지 깔끔한 제품이다.

밀키트 어디까지 먹어봤니? 이색 밀키트 추천

취사가 가능하다면 선택할 수 있는 밀키트의 종류가 많다. 밀키트를 선택할 때는 가정에서 쉽게 해먹는 음식보다 평소에 해먹기 어려운 음식을 선택하는 것이 좋다.

쿡킷 모둠 해물찜. 원남지 캠핑장에서는 각종 해산물이 들어 있는 밀키트를 선택했다.

첫 번째로 추천할 밀키트는 곱창이다. 곱창은 요리하기 어렵고 냄새가 강해 집에서 먹을 엄두가 나지 않는 외식 메뉴다. 아이와 함께라면 뜨거운 불판과 연기 때문에 곱창 전문점도 가기 힘들다.

이런 부모들의 마음을 대변하듯 곱창 밀키트의 인기가 뜨겁다. 전골부터 구이까지 종류도 다양하다.

나 역시 가장 먹고 싶은 외식 메뉴 1위가 곱창이다.

곱창 맛집인 '대한곱창'의 레시피를 담은 '대한곱창 곱창전골'은 작년 12월 출시 이후 이마트에서 판매하는 밀키트 중 매출 순위 7위에 올랐다. 이마트가 단독으로 선보인 '고수의 선택' 시리즈 중 곱창구이가 포함된 소 특수부위 5종도 월 평균 매출 1억 원을 올리는 효자 메뉴다. 대형마트를 중심으로 유통업체들이 곱창과 같이 차별화한 메뉴로 경쟁력을 확보하고 있다. 그동안 외식이 어려웠던 곱창을 야외에서 아이들과 함께 밀키트로 즐겨보자.

다음은 코로나 장기화로 해외여행에 갈증을 느끼는 사람들을 위한 해외 맛집 밀키트다. 해외 맛집에서 먹는 수준의 풍미를 느낄 수 있는 세계요리 간편식들이 다양하다. 그중에서도 프레시지 밀키트의 인기가 높다. 프레시지는 글로벌 간편식 프로젝트 '미씽 더 시티'를 통해 세계요리 밀키트 제품을 지속적으로 출시하고 있다. 방콕 현지 레스토랑 '바이 부아(by bua)'의 대표 메뉴를 밀키트로 만든 '방콕편'을 시작으로 이탈리아 도시별 시그니처 메뉴를 밀키트로 구현한 '이탈리아편', 홍콩 현지의 맛을 살린 이색 메뉴들로 구성된 '홍콩편'까지 한국인들이 관광지로 선호하는 국가별 대표 메뉴들을 밀키트 제품으로 선보이고 있다.

'미씽 더 시티'의 세 가지 콘셉트 중 '태국편'을 추천한다. 방콕 유명 레스토랑 '바이 부아' 셰프의 레시피를 재현한 밀키트로, 대략 10분 정도면 태국 맛집의 음식을 즐길 수 있다. 외식 기분을 내기 좋은 메뉴다. 숯불에 구워 먹는 고기가 지겹다면 이국적인 밀키트를 즐겨보자. 차에서 차려낸 밥상이 맞나 싶을 정도로 다채롭다. 가족과 함께 가을바람을 맞으며 차에서 먹는 한 끼는 그야말로 꿀맛이다. 미슐랭 5스타 레스토랑도 부럽지 않다.

캠핑의 꽃은 역시 바비큐

캠핑을 하면서 가족이나 친구와 함께 숯불에 고기를 구워 먹는 장면을 꿈꾸지 않는 이들은 거의 없을 것이다. 지글지글 구워지는 고기를 보면 절로 입안에 침이 고인다. 하지만 취사가 어려운 차박의 특성상 바비큐를 하는 게 쉽지 않다.

바비큐를 하는 방법은 여러 가지다. 숯불을 만들어 그릴에서 직접 굽는 방식이 가장 일반적이다. 화로대만 있다면 누구나 쉽게 할 수 있다. 문제는 맛있게 굽는 것인데 이를 위해선 약간의 노하우가 필요하다. 활활 타오르는 장작 위에 생고기를 그냥 던지면 고기의 겉은 타고, 속은 핏물이 질질 흐르는 맛없는 바비큐가 되기 십상이다. 고기를 굽기 좋은 불은 숯의 불길이 사그라지는 시점이다. 화로대에 숯을 넣을 때는 한 쪽으로 몰아야 한다. 그래야 고기 안쪽까지 골고루 익힐 수 있다. 센 불에서는 고기 겉을 바싹 익혀 육즙을 안에 가두는 마이야르 반응을 일으키고, 속은 약불로 은근히 익혀야 고기가 맛있어진다. 이런 과정이 귀찮다면 마트에서 조리된 고기를 구입하는 것도 방법이다. 숯불에 올려 불향만 입히고 바로 먹을 수 있다.

여윳돈이 있다면 수비드(물로 고기를 익히는 방법) 기계를 준비하는 것도 방법이다. 수비드를 거친 고기는 이미 안까지 충분히 익어 숯불에 고기를 얹어 겉만 익히면 바로 먹을 수 있다. 일반적인 바비큐보다 훨씬 부드럽고 육즙이 가득해 제대로 된 육향을 즐길 수 있다.

고기를 불에 직접 굽는다면, 기름기가 많은 것보다 적당히 있는 부위가 좋다. 불에 삼겹살을 올렸더니 불길이 위로 솟구쳐 올라 당황했던 경험은 누구나 있을 것이다. 불에 닿은 고기 표면은 숯검정처럼 변한다. 맛도 없을 뿐더러 몸에도 좋지 않다. 개인적으로 숯불에 굽는 돼지고기로는 삼겹살보다 목살 같이 적당한 기름기가 있는 부위를 추천한다. 앞다리살도 훌륭한 바비큐용 고기다. 목살이나 삼겹살에 비해 가격도 저렴하고 맛도 부족함이 없다.

값은 좀 비싸지만 소고기도 맛있는 바비큐 재료다. 한우 대신 미국산 혹은 호주산 소고기를 선택하면 저렴한 가격에 훌륭한 만찬을 즐길 수 있다. '웨버' 사의 바비큐 그릴을 사용하면 화롯대에 굽는 방식보다 시간은 배로 들지만 속까지 고르게 익힐 수 있다. 숯을 길게 배치하고 훈연 칩까지 넣으면 고기에 불향이 은은하게 밴다. 이렇게 연기로 고기를 익히면, 불에 굽는 것보다 고기가 훨씬 부드러워진다.

바비큐 요리는 고기로 한정되지 않는다. 고기 맛을 올려주는 가니시를 곁들이면 더 맛있는 한 상을 만들 수 있다. 파, 양파를 비롯한 향채와 다양한 버섯 등이 대표적이다. 소스도 준비한다면 금상첨화일 것이다.

새우, 조개 등의 갑각류도 숯불에 구우면 훌륭한 바비큐가 된다. 해산물 바비큐의 노하우는 너무 오랫동안 익히지 않는 것이다. 조개는 입을 살짝 벌릴 때가 가장 맛있다. 조개를 숯불에 오랫동안 익히면 식감이 떨어질 뿐 아니라 조개만의 향이 사라진다. 새우 역시 마찬가지다. 너무 오랫동안 익히면 살과 껍질이 붙어버려 떼어내기 어려울 뿐 아니라 새우 특유의 맛도 사라진다. 해산물은 여름보다 겨울에 먹는 것을 추천한다.

Part 6

아이와 함께 떠나는 차크닉 차박지 추천

아이와 함께하는 반짝이는 저수지 차박
화성 기천저수지

01

저수지에서 아이와 함께 고요하고 반짝이는 하루를 보내는 건 어떨까.

경기도 화성에 위치한 기천저수지는 마치 동화 속의 한 장면처럼 아름다운 풍경을 선사한다. 맑은 저수지를 둘러싸고 있는 초록빛 녹음, 지저귀는 새소리에 귀를 기울이다보면 저절로 마음이 평온해지고 고요해진다.

기천저수지는 수도권에서 멀지 않아 가볍게 나들이를 가기에도 좋고 차박하기에도 좋다. 답답한 도시를 조금만 벗어나도 이처럼 평온하고 아름다운 풍경을 볼 수 있다는 것이 아이에게도 부모에게도 소소하지만 특별한 경험이 될 것이다.

기천저수지에서는 캠핑뿐만 아니라 낚시도 가능하다. 기천저수지 낚시터는 1984년도에 준공되어 낚시꾼들에게는 제법 유명한 곳으로 알려져 있다. 낚시터에 살고 있는 어종으로는 붕어, 잉어, 가물치, 동자개, 메기 등이 있고 월척급 붕어와 잉어도 잘 낚인다. 낚시를 통해 아이에게 인내심을 가르쳐줄 수 있을 것이다. 시끄럽고 복잡한 도심을 떠나 쾌적한 하늘과 가끔씩 물

위로 뛰어오르는 물고기들을 바라보며 가족들만의 오붓하고 한적한 시간을 보내보자.

기천저수지에서 캠핑과 낚시를 즐길 수 있는 포인트는 세 곳 정도다. 저수지를 한 바퀴 돌아보며 좋은 자리를 물색해보는 것이 가장 좋다. 평일에는 차가 거의 없지만 주말에는 차량으로 꽉 찬다고 하니 좋은 자리를 선점하려면 일찍 출발해야 한다. 또한 주변에 편의시설이 거의 없어 음식은 준비해 가야 한다. 또 간이 화장실이 하나 있지만 많은 사람들이 이용하니 이동식 변기를 준비하거나 주변 편의시설의 화장실을 이용해야 한다.

저수지에서 자리를 잡으면 오토바이를 타고 돌아다니는 관리인을 만날 수 있다. 이때 낚시터 이용 및 캠핑요금을 지불하면 된다. 가격은 1팀당 1만 5,000원. 현금 또는 계좌이체로 결제 가능.

기천저수지는 편의시설이 취약하다는 단점이 있지만 이것이야말로 진정한 노지 차박이 아닐까? 하루 정도 불편함을 감수할 수 있을 정도로 아름답고 한적한 자연에서의 멋진 하루를 아이에게 선물하자.

기천저수지의 낮도 아름답지만 일몰도 아름다워 노을을 배경으로 한 인생 사진을 찍기에 좋다. 기천저수지에서 밤을 보내고 나면 물안개가 피어오르는 상쾌한 아침을 맞을 수 있다.

집으로 돌아가는 길에는 저수지 근처의 '우리꽃 식물원'에 들러보자. 우리나라 최초로 전통 한옥 형태의 유리온실을 갖춘 곳으로 수목류 180여종과 화초류 400여종을 만나볼 수 있다. 우리나라에만 자생하는 야생화들을 만날 수 있다니 아이와 함께라면 꼭 들러보자.

화성 기천저수지 information

▶ 유형 : 흙 노지
▶ 즐길거리 : 저수지 낚시 가능
▶ 편의시설 : 화장실 ×, 개수대 ×
▶ TIP : 노지이지만 낚시터라서 1만~1만 5,000원 정도 사용료를 내야 한다.
▶ 주소 : 경기도 화성시 봉담읍 상기리 744

02

벚꽃 흩날리는 수도권 차크닉 최적지
하남 미사경정공원

경기도 하남시 미사경정공원에 들어서면 벚꽃이 가득한 풍경을 볼 수 있다. 경정장의 물살을 가르며 연습을 하는 선수들의 모습은 생동감 있는 봄기운을 느끼게 한다. 조정경기장 주변에 만들어진 미사경정공원에 가면 마치 작은 한강에 온 듯한 기분을 느낄 수 있다. 경정공원에는 봄기운을 만끽할 수 있는 꽃, 물, 나무 등이 갖추어져 있다. 가족이나 연인, 친구들과 함께 가볍게 갈 수 있어서 차크닉 명소라 할 만하다.

경정공원의 입장료는 무료다. 물론 주차비는 지불해야 한다. 매점, 음식점, 화장실 등이 관리동 건물에 있어서 그 근처에 주차하면 차크닉을 편리하게 즐길 수 있다. 아울러 5분 거리에 피크닉장비 세트를 대여해주는 곳도 있다. 미리 예약하고 간다면 인생 사진을 찍을 기회를 만들 수 있다. 관리동 근처에서는 자전거도 대여할 수 있다. 1시간에 4,000원(1인승)~8,000원(2인승)이다. 사륜자전거, 페달카트도 있으니 취향에 맞게 골라 타면 된다.

경정공원에선 특히 겹벚꽃이 유명하다. 겹벚꽃은 벚꽃보다 개화 시기가 2주 정도 느려 4월 중순에 개화해 일주일 정도 만개한 모습을 볼 수 있다. 아무 생각 없이 경정공원의 아름다운 겹벚꽃을 바라보고 있으면 지쳐 있던 마음이 사르르 녹는 것을 느낄 수 있을 것이다.

경정공원 내부에서는 간단한 음식도 팔고 배달음식도 즐길 수 있다. 근처 식당에서 식사하고 싶다면 공원에 입장하기 전에 미리 들렀다 오자. 재입장을 하면 다시 주차비를 지불해야 한다. 참고로 정문으로 들어오면 P2, P3 구역에, 후문으로 들어오면 P5, P6 구역에 주차하면 화장실이 가깝다.

하남 미사경정공원 information

▶ 유형 : 흙, 잔디(주차장)

▶ 즐길거리 : 스타필드 하남, 유니온 타워, 팔당 팔화수변공원

▶ 편의시설 : 화장실, 매점, 음식점, 배달 가능, 자전거 대여소

▶ TIP : 주차비는 4,000원. 돌아다니며 좋은 위치를 찾는 것이 중요하다.

▶ 주소 : 경기도 하남시 미사대로 5050

03 노을빛 인생 사진을 건질 수 있는 곳
안산 대부도

차박 인생 사진 가운데 대표적인 것으로 꼽히는 게 일몰 풍경이다.

차에서 보는 일몰 풍경은 바깥 날씨와 상관없이 매력적이다. 다소 쌀쌀한 봄철에는 차 안에서 이불을 깔고 일몰을 즐길 수 있다. 당일치기 차크닉에도 안성맞춤이다. 서해안 모든 바다가 일몰 명소다. 해 지는 풍경을 보기 위해 새벽에 일어나는 부지런을 떨 필요도 없다. 적당한 자리에 자리를 잡고, 수평선 아래로 해가 떨어지기를 기다리기만 하면 된다. 차박의 낭만은 당연히 일몰 차박이다.

인생 석양 만날 수 있는 곳, 안산 탄도항

제부도와 대부도 사이에 위치한 탄도항은 이른바 '일몰 맛집'이다. SNS를 뜨겁게 달군 대표적인 일몰 명소다. 서울에서 2시간 이내면 도착할 수 있다. 바닷바람을 휘휘 가르는 하얀 풍력 발전기가 이국적인 풍경을 자아낸다. 노을 질 무렵 돌아가는 풍력 발전기를 배경으로 찍은 사진은 인생 사진 후보가 된다. 탄도항은 몇 해 전만 해도 잘 알려진 포구는 아니었는데 동화 속 풍경처럼 풍력 발전기가 들어서면서 새롭게 조명을 받기 시작했다.

주차는 탄도항 입구 부근 노상주차장에 하면 된다. 단, '일몰 맛집'으로 소문나면서 주말에는 차량 정체가 심하다. 달리는 차 안에서 일몰을 보지 않으려면 일찍 출발해야 한다. 비교적 화장실도 깨끗하고 매점도 있어서 차박지로서 최적이라 할 수 있다.

출처 : 안산시청

모세의 기적, 누에섬 바닷길 걷기

누에섬은 누에를 닮아 붙여진 이름이다. 하루에 두 번 바닷물이 빠질 때를 기다리면 누에섬까지 걸어가 볼 수 있다. 시간만 잘 맞추면 일몰 속으로 걸어 들어가는 듯한 대박 사진도 얻을 수 있다. 바닷물이 빠지는 시간을 알고 싶다면 국립해양조사원의 조석 예보표(http://www.khoa.go.kr/swtc/main.do?obsPostId=DT_0001)에서 안산 지역을 검색하면 된다. 탄도 선착장에서 누에섬까지 거리는 1.2km로 걸어서 15분 거리다. 차량 출입은 불가능하다. 누에섬에서는 '누에섬 등대'가 볼거리다. 1층에는 바다와 관련된 각종 그림과 자료가 전시되어 있다. 2층에서는 국내외 등대 그림과 모형을 볼 수 있다. 3층에는 전망대와 선박의 통행 안전을 위한 등대가 설치돼 있다. 전망대에 오르면 제부도, 전곡항, 탄도항과 함께 인천 송도까지 서해 바다의 전경이 한눈에 들어온다. 바닷길을 산책하면서 전시 관람도 할 수 있는 필수 코스이니 꼭 한번 들러보자.

대부도의 갯벌 생태계와 옛 어촌의 풍습 등을 전시한 안산어촌민속박물관을 둘러보거나 대부 해솔길을 걷고 방아머리 해변에서 시간을 보내는 것도 추천한다. 아이와 함께 인근 어촌체험마을에서 갯벌 체험을 해보는 것도 좋다.

출처 : 안산시청

누에섬 등대 이용 안내

문의 및 안내 : 032-886-0126

쉬는날 : 매주 월요일, 1월 1일, 설날/추석

이용시간 : 하절기(3~10월) 09:00~18:00, 동절기(11~2월) 09:00~17:00

관람료 : 무료

※ 입장은 관람시간 마감 30분 전까지 가능 / 물때의 영향으로 관람시간 변동 가능

해산물까지 맛본다면 금상첨화!

슬슬 출출해진다. 차박을 더욱 즐겁게 해주는 것은 현지에서 맛볼 수 있는 각종 먹거리다. 탄도항에는 어촌계 주민들이 직접 운영하는 수산물 직판장이 있어서 각종 해산물을 저렴하게 맛볼 수 있다. 도심의 횟집에

비해 저렴하고 푸짐해 부담이 없다. 바다를 보며 먹는 회 한 점은 환상적이다. 새우, 낙지, 각종 조개가 듬뿍 들어간 해물 칼국수와 조개구이도 별미다.

1층은 각종 해산물을 판매하는 직판장으로 어느 횟집을 선택하더라도 푸짐하게 먹을 수 있다. 1층에서 계산하고 2층에 올라가서 식사를 하면 된다. 뜨끈한 칼국수 한 그릇과 회 한 접시에 허기를 달랬다면 밤바다를 바라보고 차에 누워 하루를 마무리해보자. 5성급 호텔 부럽지 않다.

안산 대부도 information

▶ 유형 : 바다, 갯벌

▶ 즐길거리 : 산책, 갯벌체험, 누에섬 등대, 민속박물관, 일몰

▶ 편의시설 : 화장실 O, 편의점 O, 음식점 O

▶ TIP 하루 두 번, 바닷물이 빠지는 4시간 동안 누에섬까지 걸어갈 수 있다. 시간을 미리 확인하자.

▶ 주소 : 경기도 안산시 단원구 대부황금로 5-14

갯벌 체험도 차박도 최고 선택
인천 영종도 마시안 해변

04

인천 영종도의 마시안 해변은 아이와 함께 캠핑하기 좋은 장소로 꼽힌다. 마시안 해변 주변에서는 차박이나 차크닉이 가능하다. 해변의 공영주차장들이 해변과 맞닿아 있어 해변에서 캠핑하는 느낌을 준다. 차박을 할 수 있는 노지 장소들도 곳곳에 있지만 사유지가 많아 2만~4만 원 정도 사용료를 지불하는 곳도 있다.

넓고 깨끗한 마시안 해변에서는 갯벌 체험이 가능하다. 부모와 아이가 뻘짓(?)을 하기에 정말 좋은 장소다. 소꿉놀이도 하고, 장난감 배도 띄우는 등 도시 아이들에게 갯벌은 신나는 탐험 장소이자 재미있는 자연 놀이터이다. 자연을 즐기는 아이들을 바라보는 것만으로도 힐링이 된다.

마시안 해변에서는 갯벌 체험뿐만 아니라 맨손 고기잡이 체험, 자연체험학습 등 다양한 단체 프로그램이 운영되고 있다. 정보가 궁금하다면 마시안 갯벌 체험 사이트를 확인해보자.

갯벌 체험을 하려면 준비물이 필요하다. 장갑, 장화, 호미, 스포츠양말, 래시가드 등 아이의 안전을 위한 물품들은 미리 챙기는 게 좋다. 또 체험을 하기 전에는 물때를 확인하자. 물길이 열리기 1시간 전에 도착하는 게 가장 좋다.

호미를 들고 아이와 함께 갯벌에 들어가 소라, 고동, 달랑게, 조개, 게 등 다양한 생물을 캐며 즐거운 시간을 보내자. 아이에게는 소중한 추억으로 남을 것이다.

갯벌 체험이 끝나가고 바닷물이 밀려오면 아이들은 기다렸다는 듯이 물로 뛰어 들어간다. 낚시꾼에게 말을 걸기도 하고, 아빠에게 "저 물고기는 뭐야?"라고 물어보기도 한다.

날이 어두워지면 샤워를 하고 차로 돌아가 아이와 함께 서해 바다의 아름다운 일몰을 감상해 보자. 코로나와 미세먼지로 인해 잠깐 밖을 나가기도 쉽지 않았던 아이에게는 큰 추억으로 남을 것이다. 아이는 차 안에서 유튜브를 보며 시간을 보낸다. 엄마는 아이를 위해 간식을 준비하고, 아빠는 차에 타프를, 차 밖에는 작은 텐트를 설치한다. 그리고 작게 불을 피운다. 캠핑의 꽃은 불멍이다. 타들어가는 불을 보고 있으면 머릿속이 텅 비며 맑아진다. 아이와 부모는 오늘 하루를 정리하며 추억을 공유한다.

출처 : pixabay

영종도 마시안 해변 information

▶ 유형 : 바다, 갯벌
▶ 즐길거리 : 산책, 갯벌체험, 해루질, 모래놀이
▶ 편의시설 : 화장실 O, 편의점 O, 음식점 O
▶ TIP : 갯벌 체험은 마을 공동체에서 관리하고 있어 유료다. 일몰도 유명한 곳이니 오전보다는 오후에 방문하는 것을 추천한다.
▶ 주소 : 인천광역시 중구 마시란로 116

아이와 함께하는 차크닉 나들이
파주 율곡습지공원

05

아이와 함께 파주로 차크닉 나들이를 떠나보자.

임진강 인근 평야에 조성된 파주 율곡습지공원은 버려져 있던 습지를 주민자치위원회가 중심이 되어 개발한 생태공원이다. 율곡습지공원은 정겨운 시골 풍경을 떠오르게 한다. 넓은 꽃밭과 연꽃 군락지, 억새, 옛 농기구가 있는 초가집, 높이 솟아 있는 솟대들, 물레방아 등이 토속적인 정감을 자아낸다. 특히 가을엔 습지공원을 아름답게 수놓는 코스모스로 유명해 관광객들의 발걸음이 끊이지 않는다.

아이들에게 습지공원 곳곳은 놀이터가 된다. 아이와 함께 드넓은 꽃밭을 뛰어 보기도 하고, 물레방아 돌아가는 소리도 들어보며 자연과 교감하는 시간을 가져보자. 차량은 습지공원 입구 주차장에 주차하면 된다. 주차료는 따로 없다. 다만 주말엔 차량이 많으니 좋은 자리를 원한다면 일찍 도착해야 한다.

아이와 함께 뛰어놀다 보면 출출해질 것이다. 취사는 금지되어 있으므로 미리 음식을 준비해와야 한다. 아이와 함께 뻥 뚫린 아름다운 습지를 배경으로 도시락을 먹으며 차크닉을 즐기는 순간이야말로 행복이 아닐까. 율곡습지공원에는 편의시설과 화장실도 잘 갖춰져 있어서 아이와 함께 차크닉을 편리하게 즐길 수 있다.

율곡습지공원에서 차크닉을 즐긴 후에는 아이와 함께 좀 더 다양한 체험을 할 수 있는 임진각 평화누리공원을 방문해보자. 율곡습지공원에서 차량으로 15분 내외면 닿을 수 있는 곳이라 부담 없이 방문하기 좋다. 임진각 평화누리공원은 탁 트인 언덕과 바람개비 동산으로 유명해 아이들이 마음껏 뛰어 놀기 좋은 장소다. 형형색색 잔디를 수놓은 바람개비 동산은 최고의 포토존으로 인생 사진을 찍기에도 안성맞춤이다. 또한 바람개비 동산을 둘러싸고 있는 잔디에서 돗자리를 깔고 피크닉을 즐기며, 연 날리기도 할 수 있다. 아이도 부모도 평화롭고 자유로운 분위기를 온몸으로 느낄 수 있을 것이다.

평화누리공원에는 바람개비 언덕 외에도 놀이동산인 '동마기업 평화랜드'와 임진강을 한눈에 내려다볼 수 있는 '임진각 평화 곤돌라'가 있어서 아이와 즐거운 시간을 보낼 수 있다.

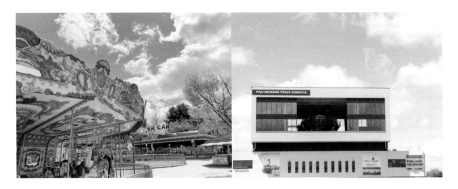

평화랜드는 규모는 작지만 아이들이 즐길 만한 놀이기구로 알차게 구성되어 있다. 임진각 평화 곤돌라는 임진각 관광지와 캠프 그리브스 간 임진강 850m를 26개의 곤돌라로 연결해, 색다른 감동을 느낄 수 있는 관광 코스다. 임진각의 하부 정류장을 출발해 임진강을 가로질러 상부 정류장에 하차하면 제1전망대와 제2전망대가 있다. 장단 반도, 북한산, 경의중앙선, 자유의 다리, 독개다리, 임진각을 한눈에 볼 수 있다.

파주 율곡습지공원 information

▶ 유형 : 흙 노지(주차장)

▶ 즐길거리 : 산책로, 임진각 평화누리공원(8km), 평화랜드(8km), 평화 곤돌라(8km)

▶ 편의시설 : 화장실

▶ TIP : 주차비 무료. 좋은 자리를 선점하기 위해선 일찍 출발해야 한다.

▶ 주소 : 경기도 파주시 파평면 율곡리 191-3

출처 : www.pexels.com

Part 7

차박 난이도 끝판왕!
겨울철 차박에는 이게 필요해 🧳

한파에 이것 없이 갈 생각 말 것,
'필수 of 필수' 동계 침낭

한파가 닥치면 차박은 할 수 없을까? 대답은 No다. 겨울 차박이 유난히 힘들게 느껴지는 이 유는 피부를 뚫고 한기가 들어오기 때문이다. 밤새 나를 괴롭히는 추위를 얼마나 잘 막느냐가 겨울 차박의 성패를 좌우한다. 도저히 추운 밤을 견딜 자신이 없다고? 걱정 마라. 여기, 추위 와의 전쟁에서 든든한 지원군이 되어줄 필수 아이템 3가지를 소개한다. 이것만 준비한다면, 겨울 차박 여행은 훈훈한 기억으로 채울 수 있을 것이다.

추위를 효과적으로 차단하기 위해서는 머리부터 발끝까지 온몸을 감싸주는 침낭을 챙겨야 한 다. 가을에는 오리털 이불만으로도 보온이 가능하지만, 한겨울에는 동계 침낭 없이 밤을 지새 우기가 쉽지 않다. 한 번이라도 겨울 차박을 떠나본 사람이라면 동의할 것이다.

침낭은 모양에 따라 사각형 침낭, 머미형 침낭으로 나누어진다. 보온 정도에 따라서는 삼계 절용, 사계절용, 동절기용, 간절기용 등으로 나누어진다. 충전재는 솜, 구스다운, 덕다운 등 으로 종류가 다양하다. 또 한번 구입하면 오랜 기간 사용하기 때문에 다른 장비에 비해 가격 대가 높은 편이다. 브랜드부터 금액, 용도 등 고려해야 할 것이 많아 입문자는 선택을 망설 일 수밖에 없다.

동계 침낭을 고를 때 우선 살펴보아야 할 것은 '충전량'과 '필파워(FP)'다. 충전량은 우모의 양, 즉 침낭 안에 들어 있는 다운의 무게(g)를 말한다. 동계 침낭의 경우 1000~1500g이 일반적이 다. 필파워는 1온스 다운이 차지하는 부피를 세제곱인치로 나타낸 것이다. 쉽게 말해 우모의 복원력을 뜻한다. 충전량과 필파워 모두 수치가 높을수록 보온성이 좋다. 백패커나 야외 캠 핑은 극동계 시 필파워가 최소 700FP 이상은 돼야 한다. 외부 냉기를 막을 수 있는 차박의 경 우는 500~700FP 정도면 된다.

구매자의 선택을 돕기 위해 침낭의 보온 정도를 수치화한 것이 '적정 온도(Comfort)', '내한 온도(Limit)', '극한 온도(Extreme)'다. 적정 온도는 성인 여성이 편안하게 숙면을 취할 수 있는 온도다. 내한 온도는 성인 남성이 편안하게 숙면할 수 있는 온도, 극한 온도는 성인 남성이 생존할 수 있는 최하 온도를 의미한다. 어렵게 생각할 것 없이 적정 온도를 기준으로 선택하면 된다.

유럽의 경우 자체적으로 EN13537 표준 제도를 도입해 모든 침낭에 적용한다. 우리나라에는 표준화된 온도 측정 시스템이 없다. 비슷한 외국 제품의 스펙을 가져다 쓰거나 침낭을 바닥에 놓고 바닥부터 높이로 판단하기 때문에 객관적인 평가가 어렵다. 따라서 이 수치에만 의존해 침낭을 골랐다간 낭패를 볼 수 있으니 주의하자.

추천 제품

'침낭엔 가성비가 통하지 않는다'란 말이 있을 정도로 침낭은 품질에 따라 금액이 결정되는 편이다. 저렴한 제품은 그만큼 품질이 떨어진다. 많은 차박 경험자들이 "침낭만큼은 투자를 하는 것이 좋다."고 말한다. 그러나 가격을 무시할 순 없는 법. 10만~60만 원대까지 가격대별 추천 침낭을 소개하겠다.

코보 극세사 침낭(약 8만~9만 원, 솜 충전재, 사각형. 10만 원 이하로는 괜찮은 머미형 침낭을 찾기 힘들다)은 내피가 극세사라 보온력이

코보 극세사 침낭(출처 : 코보)

좋다. 부드러운 극세사 촉감이 편안한 수면 환경까지 제공해주니 겨울용 차박 침낭으로 제격이다. 최근 리뉴얼되면서 외피에 패턴 디자인이 더해져 여성들에게 인기가 좋다.

구스다운은 가격이 부담되고 솜 침낭은 싫다면 덕다운 제품에서 찾아보자. 스노우라인 이누잇 700은 합리적인 가격과 보온성으로 인기가 좋다(공식 쇼핑몰 기준 약 22만 원, 오리털 충전재, 머미형). 침낭 안쪽엔 핫팩 수납 포켓이 달려 있고, 밤사이 뒤척이더라도 지퍼가 열리지 않도록 겉에 벨크로 벨트를 부착했다. 침낭 지퍼가 집히면 문제가 커지는데, 사용자 편의를 고민한 흔적이 돋보이는 친절한 제품이다.

솜이니 덕다운이니 해도, 동계 차박용으로는 역시 구스다운이 최고다. 트라우마 알파인 1300은 솜털:깃털=9:1 비율로 구스다운이 1300g이나 충전되어 있고 필파워 750이다. 내한온도 영하 30도까지 보온이 가능하다(40만~50만 원, 거위털 충전재, 머미형). 여유가 된다면 '끝판왕'이라 불리는 파작 16H 침낭을 욕심내봐도 좋다. 다만 경우에 따라 부모님(또는 아내)의 '사랑의 매'를 감당해야 할지 모르니 조심할 것(약 150만 원, 거위털 충전재, 머미형, 극한온도 -73도).

트라우마 TR 알파인 1300D / 출처 : 트라우마

보온성+수면 환경 둘 다 줄게, 매트리스

침낭과 쌍벽을 이루는 보온용품으로는 매트리스가 있다. 매트리스는 푹신한 잠자리를 만들어주는 사계절 아이템이다. 겨울에는 바닥에서 올라오는 냉기를 차단하기 위해서라도 반드시 필요하다. 재질에 따라 발포매트, 에어매트 등 다양한 종류가 있다. 목적과 특성에 맞게 선택하면 되는데, 재질보다 중요하게 따져봐야 할 것이 냉기차단지수(R-Value)다.

R-Value / Temperature Rating Comparison

R-Value	1.2	1.4	1.6	1.7	2.1	2.5	2.9	3.2	4	4.1	4.6	4.9	5.3	5.9	6	6.4	7	8	9.5
Celsius	9	9	8	5	2	1	2	5	11	12	15	17	20	24	25	28	-32	38	48

알밸류(R-Value)와 적정 온도의 상관관계
출처 : https://sectionhiker.com/sleeping-pad-r-values

위 표는 R-Value와 적정 온도의 상관관계를 나타낸 것이다. 삼계절용과 동계용 매트리스의 구분은 R-3을 기준으로 한다. 동계용은 R-4~5, 극동계 야외 캠핑은 R-6 이상을 권한다. 차박의 경우 R-4~5 정도로 충분하다. 또 R-Value가 높은 매트 하나를 사용하는 것보다 여러 종류의 매트를 겹쳐 사용하는 것이 평탄화에도 훨씬 도움이 된다.

발포매트는 표면이 울퉁불퉁하게 엠보싱 처리된 폴리에틸렌 재질의 스펀지 매트리스다. 일명 '빨래판'으로 불리고, 가격이 저렴해서 찾는 이가 많다. 충격 흡수나 단열, 습기 차단 등 성능은 좋으나 부피를 많이 차지해 수납 및 보관이 어렵다.

공기를 주입해 사용하는 에어매트 종류도 있다. 대체로 폴리에스테르 립스탑 PVC 소재로 제작된다. 사용하지 않을 때에는 공기를 빼 수납 부피를 줄일 수 있다. 일반 에어매트의 경우 매트 자체의 흔들림이 심하고 소재 특성상 움직일 때마다 특유의 소음이 발생한다. 에어박스는 움직임이나 소음은 없지만 사용할 때마다 공기를 주입해야 한다는 번거로움이 있다.

자충매트는 이 같은 에어매트(에어박스)의 단점을 보완한 제품이다. 공기 주입 밸브를 열어두기만 해도 공기가 자동으로 주입(70% 가량, 마지막엔 수동으로 공기를 넣어야 빵빵하게 충전된다)된다. 미사용 시 바람을 뺄 수 있어 수납에 용이하다. 에어매트보다 가격이 비싸지만 소리나 움직임에 예민한 사람이라면 꿀잠을 위해서라도 자충매트를 추천한다.

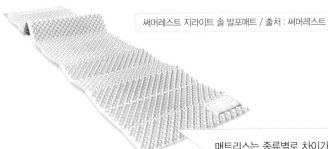

써머레스트 지라이트 솔 발포매트 / 출처 : 써머레스트

매트리스는 종류별로 차이가 극명하니, 금액이 아닌 종류별로 브랜드를 살펴보자. 먼저 발포매트계의 명품이라 불리는 '써머레스트 지라이트 솔'(약 10만 원)부터 보자. 발포매트는 두껍다고 해서 냉기 차단이 잘 되는 것은 아니다. 또 두꺼운 발포매트가 무조건 푹신하고 안락한 잠자리를 제공하는 것도 아니다. 보통 매트 한쪽 면의 냉기를 차단하고 체온을 반사시켜 온도를 유지해주는 은박 코팅 처리로 보온력을 높였다. 반대로 은박 코팅 면이 아래로 가게 하면 여름철 지면에서 올라오는 열기를 차단할 수 있다. 활용도 백점이다.

스패로우 슈프림 그랜드 더블 자충매트 / 출처 : 스패로우

'스패로우 슈프림 그랜드'는(약 20만 원) 자충매트계의 시몬스로 불린다. 최근 새롭게 출시된 그랜드 더블 매트의 경우 내장 폼이 폴리우레탄으로 바뀌어 편안함과 내구성이 좋아졌다. 온몸으로 느껴지는 안락함은 오직 누워본 사람만이 알 수 있다고. 또 2개의 스윙 밸브가 부착되어 공기 주입 및 배출이 훨씬 빨라졌다.
에어박스의 경우 본래 차박 전용으로 나온 제품은 아니지만 차량 크기에 맞춰 제작이 가능하다. 주문 제작 상품인 만큼 사이즈에 제한이 없다. 대형 SUV부터 경차까지 모든 차량에서 이용할 수 있다. 그만큼 가격도 천차만별. 저렴한 제품을 원한다면 2만~3만 원대 기성품을 구입하면 된다.

크기는 작지만 효과는 거대! 휴대용 핫팩

03

침낭 안으로 아무리 몸을 숨겨도, 매트리스를 두세 겹 쌓아도 한기가 느껴지는 한겨울 차박에서 핫팩은 필수다. 난로, 전기요 등 난방기구와 비교하면 다소 부족하게 느껴질 수 있지만 전기 사용이 어려운 상황에서 이보다 더 바람직한 효도템은 없다. 시공간 제약을 받지 않기 때문에 실제 활용도는 최고.

과거의 핫팩은 이른바 똑딱이(?)라 불리는 일회용 손난로가 고작이었으나 최근에는 종류가 다양해졌다. 가장 많이 사용되는 주머니 난로는 미니 사이즈부터 대형까지 선택의 폭이 넓어졌다. 붙이는 핫팩 역시 방석용, 무릎용, 발바닥용 등 부위에 따라 크기와 모양이 다양하다.

가장 일반적인 핫팩 활용법은 침낭과 함께 사용해 보온성을 높이는 것이다. 핫팩 몇 개를 미리 침낭 안에 넣어두면 아침까지 포근하고 따뜻한 환경을 유지할 수 있다. 특

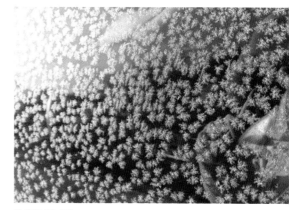

밤사이 내린 성에

히 추위에 약한 발끝에 핫팩을 놓아주면 오밤중에 발이 시려 잠에서 깨는 일을 막을 수 있다. 일부 침낭에는 핫팩 전용 포켓이 달려 있기도 하다.

밤하늘 영상을 찍겠다고 카메라를 들고 나왔는데, 렌즈가 희뿌연 성에로 뒤덮여 아무것도 보이지 않았던 황당함을 겪어본 적 있는가. 야외 온도가 영하로 떨어지는 동계 차박에서는 흔히 발생하는 일이다. 이럴 때 카메라 렌즈 위에 핫팩을 얹어 밴드 등으로 고정시키면 깔끔하고 완벽한 타임 랩스 영상을 찍을 수 있다. 핫팩의 온도 유지 시간이 최소 6시간이니 자는 내내 카메라를 거치해두어도 걱정 없다.

핫팩의 크기는 작지만 엄연한 발열 기구라 사용 시 주의해야 한다. 특히 주머니 난로의 경우 발열량이 상당하기 때문에 절대로 피부에 댄 채 잠들면 안 된다. 자칫 하다간 저온 화상을 입을 수 있다. 자는 동안 사용하고 싶다면, 반드시 파우치에 넣거나 두꺼운 천을 덧대어 사용해야 한다. 잠버릇이 심하거나 피부가 약한 어린아이가 사용하는 경우에는 각별히 주의를 기울여야 한다.

필수 난방용품 무시동 히터

바닥 난방만으로 겨울철 한기가 잡히지 않는다면? 가장 효율적이고 간단한 방법은 바로 무시동 히터를 사용하는 것이다.

무시동 히터에는 매립식과 이동식이 있다. 차박은 최소한의 장비로 부담 없이 즐기는 여행이므로 대부분 시공이 필요한 매립식보다 간편한 이동식을 선호한다.

무시동 히터의 원리는 매우 간단하다. 연료를 태워 본체 내부를 가열한 뒤 차가운 공기를 따뜻한 공기로 바꿔 배출하는 것이다. 송풍구에서 나오는 공기는 배기가스가 포함되지 않아서 안전하다. 그렇다면 문제는 뭘까? 바로 연료를 연소할 때 발생하는 배기가스가 유입됐을 경우다. 배기가스를 안전하게 배출하기 위해 배기관 작업을 신중하게 해야 한다. 잘못하면 심각한 가스 누출 사고로 이어질 수 있으니 조심하자. 또 연료를 연소하는 과정에서 발생하는 열로 인해 배기관이 뜨거워져 손을 델 수 있으니 조심해야 한다. 내열 실리콘 같은 조치를 취하면 좋다.

한겨울을 제외하면 2k 용량만으로도 난방이 충분하지만 극동계 차박을 한다면 5k 용량의 무시동 히터를 구입할 것을 추천한다. 소음 때문에 풀가동이 어렵기 때문에 용량은 넉넉한 것이 좋다. 만약 도킹 텐트를 사용할 예정이라면 주저하지 말고 5k 제품을 선택해야 한다.

무시동 히터를 사용한다면 파워뱅크도 알아보자. 전기제품을 사용한다면 파워뱅크는 필수다. 파워뱅크는 차종과 사용하는 전자제품에 맞게 종류, 사이즈, 용량 등을 고려해서 구입해야 하는 까다로운 제품이다. 점프 케이블만 있다면 배터리 방전과 같은 비상시에도 요긴하게 쓸 수 있다. 겨울철 전기제품을 마음껏 사용하고 싶다면 파워뱅크를 꼭 갖추자.

자, 이제 출발할 시간!

침낭, 매트리스, 핫팩, 무시동 히터까지 준비됐다면 더 이상 미룰 이유가 없다. 완벽하게 준비하지 못했다고 하더라도 일단은 떠나자. 어쩌면 장비가 없어서가 아니라 마음의 준비가 안 돼서 지금까지 떠나지 못한 것일 수 있다. 막상 차박을 가보면, 필수품이라던 물건이 필요 없을 수 있고, 아무도 챙기지 않았던 사소한 물건이 존재감을 빛내기도 한다. 무엇이든 해보기 전엔 모르는 법! 더 미루지 말고, 이번 주말에 당장 떠나자!

Part 8

추천 차박지, 노하우 가득!

실전 차박기

사진 : 노대경

여유로운 바다 차박 × 벤츠 GLS 580

 일출과 일몰을 한 곳에서! 당진 왜목마을

충청남도 당진 왜목마을은 소위 차박러들의 성지로 불린다.

왜목마을은 일출과 일몰을 한 곳에서 감상할 수 있는 장소다. 동해안 못지않은 아름다운 일출 명소로 유명한 왜목마을은 해안선의 지리적 특성상 수평선이 동쪽에 위치해 동해안과 비슷한 일출을 감상할 수 있다. 서해안에서는 보기 힘든 풍경이라 새해가 되면 많은 사람들이 몰려든다.

하지만 왜목마을에선 해변 차박을 금지하고 있어서 차박이 불가능하다. 그래서 주차장에서 스텔스 차박을 즐기곤 하는데, 주변에 피해를 주지 않는다면 스텔스 차박도 고려해볼 만하다.

참고로 차박은 불가능하지만 텐트를 치고 캠핑하는 것은 가능하다. 화장실과 편의점, 음식점 등은 해변 반대편에 충분하니 편하게 즐길 수 있다. 왜목마을 방문자센터도 있으니 문의사항이 있거나 필요한 정보가 있다면 방문해보자.

왜목마을 방문자센터

주소 : 충청남도 당진시 석문면 교로리 844-4

정기 휴일 : 매주 금요일, 공휴일

 차핑을 즐길 수 있는 장고항

장고항은 베도라치라는 물고기의 치어인 실치회가 유명한 곳이다. 실치회는 3~4월 하순까지 잡혀 이곳에서만 먹을 수 있다. 장고항은 차박을 하며 낚시를 즐기는, 일명 '차핑'을 하는 사람들이 즐겨 찾는다. 이미 낚시꾼들 사이에서 유명한 장소라서 휴일 낮에는 장고항의 주차장, 방파제와 공터에 주차하기 힘들 수 있다. 평일에는 사람이 적은 편이다. 한적해서 파도 소리가 잘 들리고 바다도 아름다워 보인다. 장고항 입구 쪽에 화장실이 있어서 간단하게 스텔스 차박도 가능하다.

당진에서 차박할 장소를 찾다가 발견한 마섬포구. 조용한 해변가, 넉넉한 주차장이 있어 여유롭게 솔로 차박을 즐길 수 있다. 바위로 둘러싸여 있어 해변치곤 바람이 세지 않아 방풍 대책을 따로 할 필요가 없다. 눈앞에 바다가 펼쳐져 있어서 트렁크를 열기만 하면 일출을 감상할 수 있다. 날씨만 좋다면 일출과 일몰을 모두 감상할 수 있어서 최적의 차박지로 추천한다.

마섬포구에서는 썰물 때 갯벌 길이 열려 차를 가지고 안쪽으로 들어갈 수 있다. 갯벌 길이 아름다워 썰물 때에 맞춰서 간다면 아름다운 경관과 더불어 인생 사진도 건질 수 있다.

썰물 때 갯벌 길이 열려 차를 가지고 들어갔다.

마섬포구는 장고항 인근에 위치해 있고 당진의 9미(味) 중 하나이자 특산물인 간재미가 유명하다. 3~4월에는 실치회를 먹어봐야 한다. 여기서만 맛볼 수 있는 별미이기 때문이다.

실치회

마섬포구에는 횟집과 편의점, 화장실이 있어서 자리를 잘 잡는다면 편안하게 차박할 수 있다. 화장실은 아침마다 청소를 하는 편이라 다른 곳보다 깨끗한 편이다. 간단한 세수와 양치를 할 수 있다.

다만, 노지 차박이기 때문에 관리인이 없어서 새벽까지 떠들거나 술에 취한 사람들이 있을 수 있으니 참고하자. 왜목마을에서 사람들 때문에 제대로 차박을 즐기지 못했다면 마섬포구를 찾자. 파도소리를 자장가 삼아 바닷가에서 황홀한 1박을 해보자. 선루프로 밤하늘 별까지 감상한다면 어디서도 경험하지 못할 하룻밤을 보낼 수 있을 것이다.

information

왜목마을 해변 : 충남 당진시 석문면 교로리 844-4
장고항 : 충남 당진시 석문면 장고항리
마섬포구 : 충남 당진시 석문면 석문방조제로 1798-8

편의시설	왜목마을	장고항	마섬포구
화장실	○	○	○
편의점	×	○	○
음식점	×	○	○

• 유형 : 바다, 노지
• 즐길거리 : 낚시, 갯벌체험
• 편의시설 : 화장실 ○, 개수대 ×, 편의점 ○, 음식점 ○
• TIP : 식사는 멀리 가지 말고 근처에서 해결하는 것이 좋다. 횟집 이용객들만 쓸 수 있는 캠핑존도 있으니 인근의 횟집을 이용하는 것도 좋다.

시원한 강바람과 함께 강 차박 × 기아 레이

아파트와 높은 건물로 둘러싸인 회색빛 도시에 가슴이 답답하다. 도시 풍경을 흔히 '빌딩숲'
이라고 한다. 숲과 빌딩은 어울리지 않는 단어지만 오죽하면 빌딩을 숲으로 표현했을까. 고
층 빌딩이 숲을 이루는 도시는 그야말로 숨이 막힌다. 이제는 필수품이 되어버린 마스크까지.
잠시 숨 쉴 시간이 필요하다.

이럴 때 눈과 가슴이 확 트이는 강으로 차
박을 떠나보자. 자연과 가장 가깝게, 언제
든 떠날 수 있는 강 차박은 가장 쉬운 여
행법이다. 멀리 갈 필요도 없다. 집 근처
어디든 한 시간 이내에 있는 강으로 떠나
면 된다. 한강, 한탄강, 남한강 등 많은 강
변들이 차박 성지로 이름을 알리고 있다.

청주의 천경대 역시 차박러들에게 인기
있는 곳이다. 청주 시내에서 접근성이 좋
고 개수대와 화장실이 있어 많은 이들이
노지 차박을 하기 위해 찾는다. 관리도 잘
되는 편이다. 화장실이 깨끗하고 쓰레기
가 넘치지 않는다.

옥화 9경 중 하나인 천경대는 기암절벽과 달천천이 어우러져 9경 중 가장 경치가 아름다운 곳으로 꼽힌다. 수직 절벽과 달빛이 강에 투영되어 하늘을 비추는 거울과 같다고 해서 '천경대'라는 이름이 붙었다고 한다. 계절을 가리지 않고 많은 이들의 발길이 끊이지 않는 이유다. 제3경인 천경대 옆 옥화대 역시 차박 성지로 유명한 곳이나 현재는 차박과 캠핑이 금지되어 있다.

차 트렁크를 열면 아름다운 파노라마 풍경이 눈앞에 펼쳐진다. 감성 차박을 원하는 이들에게 강은 최적의 장소다. 강은 바다와는 다른 매력이 있다. 시원한 파도가 철썩철썩 끊이지 않는 바다가 활기가 넘친다면 물결마저 조용한 강은 평온하고 잔잔하다. 시원한 강바람이 이마의 땀을 식혀준다. 테이블과 의자만 있다면 나만의 공간이 완성된다. 고즈넉한 분위기 덕분에 평화롭고 조용한 밤을 보낼 수 있다.

취사는 불가능하다. 근처에서 간단한 음식을 사 가야 한다. 입장료가 없는 만큼 지역 주민들을 위해 끼니 정도는 근처에서 해결할 것을 권한다(지역 주민을 위해 소비해야 한다). 미지근한 맥주를 마시고 싶지 않다면 적당한 크기의 아이스박스를 가져가는 것이 좋다. 아이스박스에서 손이 시릴 정도로 차가운 맥주를 꺼내어 어둠 속 조명에 의지해 맥주잔을 기울인다면 시원한 여름 차박이 완성된다.

물이 잔잔하지만 비교적 수심이 깊은 편이라 물놀이는 금지되어 있다. 낚시도 함부로 해서는 안 된다. 주변에 즐길거리가 많으니 잠들기 전에 1경부터 9경까지 산책로를 따라 둘러보는 것도 좋겠다. 드라이브 코스로도 손색이 없다.

풍경이 좋은 만큼 주변에 펜션들이 많다. 만약 차박이 부담스럽다면 간단히 차크닉을 즐긴 후 주변 숙소에 가서 묵는 방법도 있다. 주말보다는 평일이나 일요일 오후에 가는 편이 낫다. 차박으로 유명한 곳인 만큼 토요일에는 사람들이 몰린다.

Information

- 유형 : 강, 노지
- 즐길거리 : 낚시, 산책, 수영(현재는 금지)
- 편의시설 : 화장실 ○, 개수대 ○, 편의점 ○, 음식점 ○
- TIP : 취사는 불가능하니 근처에서 간단한 음식을 사 먹어야 한다.
- 주소 : 충북 청주시 상당구 미원면 옥화길 42-5 (내비게이션에서 '옥화교회' 검색)

절경을 바라보며 × 토요타 렉서스 RX

 폭포를 바라보며 즐기는 충주 수주팔봉

차박을 시작했다면, 어디로 떠나야 할지가 가장 큰 고민일 것이다. 특히나 시설이 제대로 갖춰지지 않은 노지 차박을 떠난다면 더욱 더 그렇다. 이럴 땐 많은 이들에게 검증된 이른바 차박 성지를 선택할 것을 추천한다. 충주 수주팔봉은 차박러들이 꼽는 꼭 가봐야 할 차박지에서 빠지지 않는 장소다.

사진 : 노대겸

멋진 자연 풍경은 물론 편의 시설까지 갖춰져 있어 인기가 좋다. 많은 차박지들이 몰상식한 일부 차박러들 때문에 폐쇄되고 있지만 충주시는 생각을 달리했다. 폐쇄하는 대신 주민과 관광객의 상생을 고려해 시설을 정비했다. 지역 주민의 의견을 반영해 별도의 임시 주차장을 마련하고, 하루에 입장할 수 있는 차량의 수를 120대로 제한했다. 관광객의 안전을 위해 CCTV 시스템도 보강했다.

충주 수주팔봉은 야트막하지만 날카로운 수직 절벽이 어우러져 멋진 풍경을 제공한다. 달천으로 흘러드는 오가천의 물길이 수주팔봉 가운데를 가르며 떨어진다. 농지에 물을 대기 위해 물을 막아 인공적으로 만든 폭포다. 멋진 풍광을 뒤로 하고 즐기는 차박은 어디서도 만끽할 수 없는 새로운 경험이다. 큰 돌이 많아 승용차는 진입이 어려울 수 있다. 곳곳에 무른 땅도 있으니 무턱대고 진입하다간 견인차 신세를 져야 할지도 모른다. 차박지를 정하기 전에 미리 차에서 내려 땅의 상태를 확인하는 것이 좋다. 마땅한 그늘이 없으니 여름에 방문한다면 타프는 필수다.

수주팔봉의 매력은 산과 강을 동시에 즐길 수 있다는 것이다. 산의 절경도 볼 수 있지만 앞으로 흐르는 달천에 빠져 놀 수도 있다. 일석이조다. 산으로 갈지, 강으로 갈지 고민하는 차박러라면 수주팔봉이 제격이다. 무료로 튜브를 대여할 수도 있다. 다만 달천은 전 구간이 상수원 보호 구역으로 지정되어 취사나 야영이 불가능하다. 달천에서 유일하게 취사와 야영이 가능한 곳이 수주팔봉 캠핑장이다. 물맛이 달아 달천 혹은 달래강이라고 불리는 강은 지금도 깨끗한 수질을 유지하고 있다. 물이 오염되어 혹여 피부병이 생기진 않을까 하는 걱정은 하지 않아도 된다.

수주팔봉 캠핑장을 방문했다면 건너편에 위치한 수주팔봉 출렁다리에 올라볼 것을 추천한다. 별도의 입장료는 없다. 계단 몇 개만 오르면 수주팔봉 캠핑장을 한눈에 내려다볼 수 있다. 출렁다리에 올라 인생샷을 남기면 또 하나의 추억이 생길 것이다.

사장·노대겸

수주팔봉 캠핑장에는 공영 화장실이 마련되어 있다. 깨끗하진 않지만 꾸준히 관리되고 있다. 충주시는 수주팔봉 캠핑장을 더욱 활성화시키기 위해 빠른 시일 내에 화장실 증축에 나선다고 한다. 캠핑장 주변에 맛집과 편의점도 많다. 차박을 떠나면서 바리바리 싸들고 갈 필요가 없다. 주변 맛집을 검색하거나, 무작정 찾아가 숨은 맛집을 발견하는 것도 차박의 매력이다.

사장·노대겸

화로대를 이용해 불멍을 하는 것도 가능하다. 다만, 화로대 없이 땅에 직접 불을 피우거나, 타고 남은 재를 땅에 버리고 가는 행위는 절대 금물이다. 수주팔봉 캠핑장에는 별도의 분리수거장이 있으니 차박 중 발생한 쓰레기는 잘 분리해서 버리면 된다. 충주시와 주민들이 관광객들에게 멋진 곳을 빌려준 만큼, 차박러들 또한 삶의 터전인 수주팔봉을 잘 사용하고 돌려줘야 한다. 자연의 멋을 지키며 모두가 만족할 수 있는 성숙한 차박 문화를 만들자.

- 유형 : 노지, 강
- 즐길거리 : 물놀이(수영), 수주팔봉 출렁다리
- 편의시설 : 화장실 ○, 개수대 ○, 편의점 ○, 샤워시설 ✕
- TIP : 여름에는 타프가 필수다. 튜브를 무료로 빌려 물놀이를 즐길 수 있다. 승용차가 진입할 수 있긴 하지만 파여 있는 곳이 많으니 주의가 필요하다. 주변에 마트나 식당이 많아 음식을 직접 해먹지 않아도 된다.
- 주소 : 충북 충주시 대소원면 문주리 산1-1

편의시설 최고,
오토캠핑장 차박 × 현대 아이오닉5

노지 차박을 하면 불편한 점이 한두 가지가 아니다. 대부분 화장실이 없고 더운 여름에는 씻을 수도 없다. 저녁도 최대한 간단하게 먹어야 된다. 차박을 여러 번 해본 경험자들은 괜찮지만 이제 차박 걸음마를 떼기 시작한 초보자들에겐 두려움이 한 가득이다. 그럴 때는 오토캠핑장에서 차박을 시작해보는 것도 방법이 될 수 있다. 조금은 편한 차박을 즐기고 싶다면 캠핑장만 한 곳이 없다.

차박 입문자에게는 경기도 연천군의 한탄강관광지 오토캠핑장을 추천한다. 서울(광화문)에서 1시간 30분이면 도착할 수 있다. 드라이브를 원한다면 자유로를 타고 임진강을 둘러 가면 좋다. 초보 운전자가 운전하기도 쉬운 코스다.

한탄강관광지 오토캠핑장은 최근 새롭게 리뉴얼을 했다. 도로를 깔끔하게 포장하고 편의시설도 개선했다. 노지 차박을 할 때는 간단한 밀키트를 준비하거나 포장한 음식을 먹는 것이 최선이다. 차 내부에 음식 냄새가 남지 않도록 주의해야 하고 뒤처리도 쉬워야 한다.

밀키트를 이용한 전골 요리

하지만 캠핑장을 이용하면 이야기가 달라진다. 캠핑의 상징이랄 수 있는 바비큐나 다소 취사가 어려운 국물, 전골 요리도 얼마든지 할 수 있다. 캠핑장에서 주는 음식물 쓰레기봉투를 사용하면 뒷정리 역시 간단하다. 설거지까지 해결할 수 있다. 일회용품 사용을 최소화하고 집에서 쓰던 가벼운 그릇 정도를 준비해 간다면 환경까지 생각한 클린 차박을 할 수 있다. 설거지 하는 곳에는 전자레인지도 마련되어 있어서 즉석밥을 데우기도 간편하다.

오토캠핑장에서는 노지 차박에선 어려운 라면과 스팸도 요리해서 먹을 수 있다.

가장 큰 장점은 캠핑장이기 때문에 어떤 차든 입장할 수 있다는 것이다. 전기차도 대환영이다. 여름이나 겨울에 승용차로 차박을 한다면 냉·난방 준비를 철저히 해야 한다. 반면 전기차를 이용하면 에어컨이나 히터를 켜도 공회전 단속에 걸리지 않을 뿐더러 쾌적하게 하룻밤을 보낼 수 있다. 하지만 밤새 켜놓는다면 다음날 돌아갈 길이 걱정될 것이다. 줄어든 배터리만큼 집까지 남은 거리를 열심히 계산해야 할지도 모른다.

한탄강관광지 오토캠핑장 관리실 앞 주차장에는 전기차 충전기가 있다. 샤워를 할 때나 집으로 출발하기 전에 약간만 충전해두면 돌아갈 길도 걱정 없다.

아이오닉5는 이동형 오피스로 손색없다. 재택근무가 일상이 된 코로나 시대, 특별한 퍼스널 오피스가 필요하다면 전기차를 이용해 한적한 곳에서 재택근무를 하는 것도 방법이다. 노트북, 휴대폰 충전기, 에어컨 등 전기를 부담 없이 사용할 수 있는 전기차는 차박에 최적화된 차량이다. 오토캠핑장에서라면 전기차의 장점은 빛을 발한다.

초보자들이 차박이나 캠핑을 꺼리는 가장 큰 이유가 편의시설의 부재와 불편함일 것이다. 화장실도 가고 싶고 샤워도 하고 싶지만 노지 차박을 할 때는 사실상 '불가능'한 일이다.

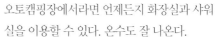

오토캠핑장에서라면 언제든지 화장실과 샤워실을 이용할 수 있다. 온수도 잘 나온다.

한탄강관광지 오토캠핑장은 쾌적한 편의시설과 깔끔한 산책로를 갖추고 있다. 커피 한잔과 함께 아침 산책으로 하루를 시작한다면 하루 종일 좋은 기분을 유지할 수 있을 것이다.

서울에서 가까운 거리, 쾌적한 편의시설, 잘 정비된 산책로까지, 한탄강 관광지 오토캠핑장은 차박 초보자를 위한 모든 것이 마련된 장소다. 입장료는 평일 기준 3만 원으로 저렴한 편이다. 차박을 경험하고 싶다면 한탄강관광지 오토캠핑장을 찾아가자. 두세 번 방문해서 차박을 경험한다면 차박 고수가 되는 것은 시간 문제다.

Information

- 유형 : 오토캠핑장, 야영장
- 즐길거리 : 산책로, 캐릭터 공원, 각종 체육시설 등
- 편의시설 : 화장실 ○, 개수대 ○, 편의점 ○, 샤워시설 ○, 전기차 충전 ○
- TIP : 여름에는 나무 아래에 주차하면 좋다. 화장실과 샤워실의 위치를 미리 확인한 후 가까운 곳에 주차하면 편하다.
- 주소 : 경기도 연천군 전곡읍 선사로 76

시원한 계곡물에 신선놀음,
산 차박 × 토요타 렉서스 RX

05

어디로 떠나지? 차박러들의 최대 고민이다. 대부분이 산보다는 강과 바다로 떠난다. 하지만 매번 강과 바다만 찾을 순 없는 법. 이젠 산과 계곡에도 도전해보자. 특별함이 배가 될 것이다.

합천 오도산, 출처 : 합천군

산 차박을 하려면 모험심이 필요하다. 구불구불한 산길을 올라가야 하므로 초보 운전자라면 어려울 수도 있다. 근처에서 화장실을 쉽게 찾을 수 있는 바다와 달리 산에선 화장실 찾는 것도 쉽지 않다. 날씨도 잘 살펴봐야 한다. 만약 눈이나 비라도 내린다면 낭패를 볼 수 있다. 가로등 불빛 하나 없는 어두움도 극복해야 할 문제다.

그럼에도 산 차박은 분명 매력적이다. 산꼭대기에서 쏟아지는 별을 보고 있노라면 불편함 따위는 문제가 되지 않는다. TV 프로그램 〈나 혼자 산다〉에서 가수 화사가 밤늦게 별을 보러 떠나는 모습이 방송된 후 별을 구경할 수 있는 산 차박이 인기를 얻기 시작했다.

강릉 안반데기, 청옥산 육백마지기 등 이른바 '은하수 맛집'들이 차박 성지로 떠올랐지만 무분별한 차박들로 인해 지금은 차박이 금지되었다. 아직 알려지지 않은 '별 맛집'을 찾아 산으로 떠나보자. 물론 차 안에서 조용히 쉬었다가 어떠한 흔적도 남기지 않고 돌아와야 한다는 걸 잊어서는 안 된다.

아이에게 우주를 선물하고 싶다면 경남 합천군 '오도산'을 추천한다. 산꼭대기에서 쏟아지는 별을 보고 싶다면 꼭 찾아가볼 만한 곳이다. 오도산은 그리 높지 않고 자동차로도 올라갈 수 있는 조망 좋은 곳이지만 1960년대에 마지막으로 야생 표범이 생포되기도 한 깊은 산이다. 전망대로 올라가는 길은 콘크리트 포장이 되어 있지만 도로 폭은 좁다. 꼭대기까지 이르는 꼬불꼬불한 도로는 다른 산에서는 볼 수 없는 이색 풍경이다. 오도산에 오르면 경남 내륙의 거의 모든 산을 볼 수 있다. 8~10월에는 전국에서 찾아오는 사진작가들로 인산인해를 이룬다. 정상에서 합천호를 내려다보고 있으면 왜 사진작가들이 이곳을 즐겨 찾는지 알 수 있을 것이다.

산으로 떠나야 하는 또 다른 이유는 바로 계곡이다. 여름에는 태양을 피하는 게 급선무다. 오랜 시간 뜨거운 태양 아래 있으면 더위를 먹기 십상이다. 이럴 때 그늘 하나 없는 바다보다 시원한 그늘이 우거진 계곡으로 떠나는 게 좋다. 경상남도 밀양에는 얼음골, 호박소 등 계곡 명소가 많다. 시원한 여름을 즐기기에 아주 그만이다. 경상북도 영덕군에 위치한 옥계 계곡도 추천한다. 차박을 할 수 있는 것은 물론 취사가 가능한 구역도 있다. 차박의 단짝인 화장실도 두 군데나 있다. 수도권에서 가까운 곳으로는 포천 백운 계곡이 있다. 다만, 상황이 계속 변하기 때문에 차박이 가능한지 출발 전에 미리 체크해야 한다.

사진 : 노대겸

사진 : 노대겸

여름은 산으로 떠날 수 있는 최적의 계절이다. 산은 일반적으로 도시보다 2~3도 정도 기온이 낮다. 뜨거운 공기만 내뿜는 선풍기를 트는 것보다 산으로 떠나는 것이 한결 더 시원하다. 계곡에 발을 담그고 시원한 아이스커피를 마시면 더위는 어느 정도 해결된다.

산 차박의 가장 큰 적은 바로 벌레다. 특히나 계곡이나 산에 서식하는 모기는 도시의 온순한 (?) 모기와는 차원이 다르다. 밤이 되면 조명으로 몰려드는 날벌레와 나방도 골칫거리다. 시도 때도 없이 굶주린 배를 채우기 위해 달려드는 벌레의 희생양이 되기 싫다면 꼭 벌레기피제, 모기향, 모기 퇴치기 등을 사용하자. 모기장과 도킹텐트 역시 벌레를 쫓는 데 유용하다. 벌레가 싫다고 차 문을 꼭 닫고 잘 수는 없다. 창문과 트렁크를 개방하고 도킹텐트, 모기장을 활용한다면 어느 정도 벌레를 막을 수 있다.

사진 : 노대겸

계곡이나 산에 위치한 차박지를 갈 때는 세단보다 SUV를 추천한다. 세단도 가능하지만 돌부리나 땅 위로 솟아 오른 나무뿌리에 차량이 손상될 수 있다.

여름은 피서의 계절이다. 혹자는 가장 좋은 피서지로 호캉스를 꼽지만 우리는 다르다. 차박을 떠나면 비슷한 방에서 자고, 똑같은 조식을 먹는 호캉스보다 더 즐겁고 특별한 경험을 쌓을 수 있다. 아이스박스와 휴대용 선풍기 하나 챙겨서 산으로 떠나보자. 어둠을 밝힐 수 있는 조명도 필수 아이템이다.

Information

- 유형 : 노지, 산, 계곡
- 즐길거리 : 물놀이(수영), 산책.
- 편의시설 : 화장실 X, 개수대 X, 편의점 X, 샤워시설 X
- TIP : 떠나기 전 일기예보를 확인하자. 상습적으로 산사태가 나거나 계곡이 범람하는 지역은 피해야 한다. 또한 전화가 잘 터지지 않는 오지보다 안전한 곳으로 떠나야 한다. 물가 근처보다 약간 지대가 높은 곳에 자리를 잡는 것이 좋다.
- 주소 : 경남 합천군 봉산면 오도산휴양로 398

도심 야경 차박 × 기아 레이

06

평일에 갑자기 어디론가 떠나고 싶은 순간이 생긴다. 먼 곳은 부담스럽고 가볍게 쉬고 싶다면? 그럴 땐 집이나 회사에서 가까운 주차장을 이용하면 된다. 지친 몸과 마음을 달래러 야경 맛집으로 퇴근해보자. 휴가도 낼 필요 없다. 다음날 몇 시간을 달려 집으로 돌아올 필요도 없다. 인적이 드문 도시는 꽤 낭만적이다. 화려한 야경을 감상하며 하루를 마무리해보자.

서울에는 곳곳에 야경 스폿이 있다. 야경을 즐기기 가장 좋은 장소는 뭐니 뭐니 해도 한강공원이다. 한강공원 주차장은 서울 어디에서나 쉽게 갈 수 있다. 집이나 회사에서 가장 가까운 곳으로 가면 된다. 밤늦게는 주차비를 내지 않아도 된다. 나만 알고 있는 좋은 위치가 있다면 조용히 밤을 보낼 수 있을 것이다. 낮에는 북적거렸던 주차장도 밤이 되면 한산해진다. 남산타워의 불빛이 찬란하게 느껴진다.

사진 : 김기환

도심에서 쉽게 갈 수 있는 곳이기 때문에 어떤 차량을 이용해도 된다. 평탄화만 된다면 세단으로도 가능하다. 대부분의 한강공원 주차장에는 전기차 충전기가 마련되어 있어서 전기차도 이용 가능하다.

아름다운 한강의 야경을 마음껏 즐기고 싶다면 반포 한강공원을 추천한다. 멀리 남산타워와 화려한 무지개 분수쇼를 감상할 수 있는 야경 맛집이다. 아쉽게도 현재 무지개 분수는 운영이 중단된 상태이다. 다음 여름을 기약해보자.

반포 한강공원은 이름난 야경 명소이기 때문에 다른 곳보다 복잡할 수 있다. 만약 사람이 많아서 부담스럽다면, 바로 옆 동작대교를 추천한다. 반포대교보다 한적하면서 반포대교에서 볼 수 있는 야경을 볼 수 있다. 63빌딩 너머로 지는 노을까지 볼 수 있는 명당이다. 잠원 한강공원에서는 서울타워를 정면으로 볼 수 있어서 인기가 좋다.

사람들이 북적북적한 도심에서 사람이 없는 곳을 찾아다니는 방법도 있다. 주변 가로등이 몇 시에 꺼지는지 확인만 하면 된다. 저녁은 근처 맛집에서 해결하면 된다. 식당을 방문하는 것조차 귀찮다면 포장음식이나 배달음식을 이용하는 것도 좋은 방법이다. 야식을 먹고 싶을 때는 주변 편의점을 이용하면 된다. 요즘 편의점에는 없는 게 없다. 집에 가기 전에 쓰레기만 제대로 처리하면 된다.

최근 차 안에서 식사를 하는 경우가 많아지면서 한강 주차장은 쓰레기로 골머리를 앓고 있다. 각종 음식물 포장용기, 쓰고 버린 물티슈가 한 가득이다. 이렇게 무질서한 차박러들 때문에 차박하기 좋은 곳들이 점점 폐쇄되고 있어 안타깝다. 화장실 걱정은 하지 않아도 된다. 집 화장실처럼 편안하진 않지만 언제든지 이용이 가능하다. 다만 샤워는 안 된다. 어차피 집에서 가까우니 별 문제가 되지 않는다. 아침에 일어나서 집에 가서 샤워를 한 후 출근하는 것이 가장 좋다. 코로나가 잦아든다면 대중목욕탕과 사우나를 이용해도 괜찮을 것이다.

특히 도심지 차박은 초보자들에게 강력 추천한다. 도심 차박은 집에서 그렇게 멀지 않은 곳에서 하는 것이기 때문에 밤사이에 불편함이 느껴진다면 바로 집으로 돌아가면 된다. 밤새 있는 것이 걱정된다면 초저녁에 잠을 자고 새벽에 집으로 돌아가는 방법도 있다. 이렇게 천천히 적응기간을 거치다보면 어느새 노지 차박을 준비하고 있는 자신의 모습을 발견하게 될 것이다.

- 유형 : 주차장, 도심, 공원
- 즐길거리 : 산책, 자전거
- 편의시설 : 화장실 ○, 편의점 ○, 샤워시설 X, 전기차 충전 ○
- TIP : 현대카드가 있다면 주말에는 한강공원 주차비용이 무료. 밤 12시부터 오전 6시까지는 주차장이 무료이니 참고하자.
- 주소 : 잠원 한강공원 제6주차장(편의시설이 다양하고 뷰가 좋아 차박하기에 좋다. 다만 인기가 좋은 만큼 자리가 없을 수 있다.)

차박의 메카 제주도 × 테슬라 모델X

황홀한 경험… 선루프로 섭지코지 일출을 보다

1일차

| 서울 출발! | 완도항 | 제주항 제주 도착! | 닭머르해안 가슴이 뻥 뚫리는 풍경 | 점심식사 현지인 맛집 강추! | 비자림 천세의 자연, 천년의 숲 |

| 차박지 도착 일출 성지, 신양 섭지코지 해변 | 저녁식사 전기차 충전소 근처. 테슬라 충전 | 다랑쉬오름 제주 풍경을 오름 위에서 감상 |

어디론가 훌쩍 떠나고 싶은 나날이 계속된다. 타인과의 접촉을 최소화하는 언택트 여행을 궁리하다보니 가장 먼저 눈에 들어오는 곳이 제주도. 해외여행을 포기한 이들이 낭만을 즐기기 위해 몰려드는 곳, 이국적인 풍경을 마주할 수 있는 명소 중의 명소 제주도.

제주도는 독특한 화산 지형과 지질을 가지고 있다. 북쪽으로는 넓은 바다를 품고 있고, 남쪽으로는 높은 산을 베고 있다. 사계절 내내 온화한 날씨는 이국적인 광경을 만들어낸다. 비행기나 배, 원하는 수단을 이용하여 언제든지 떠날 수 있다.

푸른 하늘과 바다를 보니 가슴이 뻥 뚫린다.

내 차 타고 제주로 가볼까?

오랜 시간 밀폐된 비행기를 타는 게 꺼려져 방법을 고민하다가 배를 타고 떠나기로 했다. 땅끝 완도에서 3시간이 채 안 걸린다. 배를 이용하면 차량을 제주도로 가져갈 수 있다. 선적 비용(10만~20만 원 내외, 차종 및 배기량별 상이)이 꽤 부담스럽다. 렌터카 비용과 비교해 계산기를 두드려보니 터무니없지 않다. 일주일 이상 제주도에 머물 예정이라면 내 차를 가져가는 게 더 저렴하다. 렌터카 사업자들이 방역을 철저하게 한다지만 찜찜함이 느껴지는 건 어쩔 수 없다. SUV로는 차박도 가능하다. 숙소를 빌리지 않아도 되니 돈도 절약하고, 감염 위험도 최소화할 수 있다. 일석이조다.

제주로 가는 배가 출항하는 항구는 여러 곳이다. 이번에 선택한 곳은 완도항. 쾌속선과 대형 카페리 두 대가 제주를 왕복한다. 쾌속선을 타고 1시간 20분이면 제주에 도착한다. 다만 차량 34대, 승선 정원은 282명에 불과하다. 그래서 2시간 40분이 소요돼 시간은 더 걸리지만 크기가 더 큰 카페리를 선택했다. 일단 크기가 쾌속선과는 비교가 안 될 정도로 크다. 뱃멀미도 나지 않았다. 적재할 수 있는 차량은 150대, 승선 인원은 1,180명이다. 쾌속선에는 실을 수 없는 오토바이(2만~10만 원 내외, 배기량별 상이)도 가져갈 수 있다.

이번에 가져간 차량은 테슬라 모델X다. 차박계의 5스타 호텔로 불린다. 선적 비용은 평일 기준 18만 8,740원, 1인당 선표 요금(3등 객실)은 평일 기준 2만 8,100원이다. 2인 기준으로 편도 비용은 21만 6,840원, 왕복 43만 3,680원이다. 새벽 2시 30분에 출항해서 오전 5시 10분경에 제주에 도착한다.

배에 올라 이곳저곳을 구경하다보니 어느새 제주도가 보인다. 짙은 어둠이 깔려 푸른 바다와 멋진 풍광이 보이진 않지만 비릿한 바다 내음에 벌써 마음이 설렌다. 제주 차박의 서막이 올랐다. 코끝을 찡하게 감싸는 상쾌한 공기에서 제주가 확연하게 느껴진다.

바람도 쉬어가는 닭머르해안

푸른 바다를 옆에 끼고, 갈매기와 엎치락뒤치락 경쟁하며 달리다보니 어느새 목적지다. 가장 먼저 방문한 곳은 닭머르해안. '닭이 흙을 파헤치고 그 안에 들어앉은 모습을 닮았다'고 붙은 이름이다. 나무 데크로 이어진 산책로를 걸어 전망대까지 한적하게 산책을 즐기기 좋다. 일몰 명소로 손꼽히는 곳이라 해질녘에 방문하면 인생 사진을 건질 수 있다. 단, 바닷바람이 엄청나서 방풍 대책이 필요하다. 바람, 돌, 여자가 많다고 붙여진 제주도의 별칭 '삼다도(三多島)'가 이해될 정도로 바람이 정말 세차다. 바위에 부딪혀 부서지는 파도를 보고 있으면 그간 쌓였던 답답함과 피로가 씻겨 나가는 듯하다. 가까운 곳에 공영주차장과 깔끔한 화장실이 있어 차박하기에 불편함이 없다.

여기가 회국수 원조, 동복리해녀촌

열심히 걷다보니 배꼽시계가 요동을 친다. 제주 현지인들이 가는 맛집을 찾다가 발견한 곳은 '동복리해녀촌'(제주시 구좌읍 동복로 33)이다. 약간 낡은 간판과 '원조' 문구가 무한 신뢰를 준다. 대표 메뉴는 '회국수'(1만 원)다. 약간 두껍게 썬 회와 두툼한 중면이 조화롭다. 시뻘건 초고추장 범벅이라 맛이 덜하진 않을까 걱정됐지만 생각보다 슴슴한 맛이다. 갖가지 채소가 어우러져 한 끼 식사로 훌륭하다. 날것을 못 먹는다면 두툼한 생선구이(갈치, 고등어)와 조림이 준비되어 있으니 선택하면 된다.

동복리해녀촌 회국수

천혜의 자연이 기다리는 비자림

'천년의 숲'이라는 설명이 아깝지 않을 만큼 천혜의 자연환경이 잘 보존되어 있는 비자림은 천연기념물 제374호로 지정 보호수다. 입장료는 성인 기준으로 3,000원이다. 넓은 면적에 500~800년생 비자나무 2800여 그루가 밀집되어 있고 희귀한 난과식물도 자생하고 있다.

거목으로 둘러싸인 산책로를 걸으며 자연을 즐기기에 더할 나위 없다. 열매인 비자는 예로부터 구충제로 많이 사용됐다. 나무는 재질이 좋아 고급 가구나 바둑판을 만드는 데 많이 사용됐다. 산책로를 걷는 데는 약 50분이 걸린다. 천천히 걷다보면 그간 쌓였던 정신과 육체의 때가 벗겨지고 신체 리듬이 정상으로 돌아오는 듯한 기분을 느낄 수 있다.

겨울에도 따뜻하게 잘 수 있어, 모델X

제주 곳곳을 다니다보니 어느덧 배터리 잔량이 20%밖에 남지 않았다. 저녁식사는 충전소 근처에서 해결하기로 했다. 제주도는 전기차 보급이 가장 활발한 곳이다. 전기차가 많은 만큼 충전 인프라도 잘 갖춰져 있어서 급속 혹은 완속 충전기를 쉽게 발견할 수 있다. 테슬라 전용 충전소인 슈퍼 차저나 데스티네이션 차저도 마련돼 있다. 충전기를 물리니 완전 충전까지 1시간 30분 정도가 걸린다. 저녁을 먹고 커피 한 잔을 마시면 충분한 시간이다.

하룻밤을 지낼 차박지는 섭지코지 해변이다. 제주도 대표 관광지인 성산일출봉이 한눈에 들어온다. 바다를 배경으로 차량을 주차했다. 섭지코지 해변에는 24시간 무료 화장실이 있어서 차박을 하기에 최적이다. 화장실이 아주 깔끔하진 않지만 화장지도 있다.

테슬라 모델X 같은 순수 전기차는 차박에서 빛이 난다. 시동을 걸어도 매연이 나오지 않으니 밤새 히터를 켠 채 잘 수 있다. 다만, 창문은 약간이라도 개방해야 한다. 테슬라에는 공조기 설정에 별도로 '캠핑 모드'가 있다. 캠핑 모드로 설정하면 배터리 잔량이 20%가 될 때까지 온도를 유지한다. '이스터에그(게임 개발자가 재미로 숨겨놓은 메시지나 기능) 모드'에 들어가면 모닥불 모드를 사용하여 디지털 불멍을 할 수 있다. 장작 타는 소리와 그래픽이 17인치 대형 디스플레이에 표시된다. 불멍이 지겹다면 넷플릭스나 유튜브를 봐도 된다. 차 안에서 따뜻한 차를 마시며 영화를 감상하니 몸이 스르륵 녹는다.

테슬라 모델X는 트림별로 5~7인승으로 나누어진다. 시승 모델은 7인승이다. 2~3열을 폴딩하면 180cm 성인 남성 두 명이 넉넉하게 잘 수 있다. 발포매트 한 장과 에어매트를 까니 바닥 굴곡을 거의 느낄 수 없다. 차량 안이 훈훈해 두꺼운 동계용 침낭도 필요 없다. 영하 날씨에 대비하기 위해 챙겨 온 구스다운 침낭이 무색하다. 히터를 틀고 잘 요량이라면 코와 입이 건조해지니 가습기는 필수다.

수평선 위로 떠오르는 태양, 내년에는 좋은 일만 생기길!

일출을 보기 위해 눈을 떴다. 전날 밤 11시 30분부터 9시간 동안 히터를 가동했더니 배터리가 20%까지 떨어졌다. 설정 온도는 22도, 풍량은 2. 트렁크를 여니 바로 눈앞에 성산일출봉과 푸른 바다가 펼쳐진다. 구름 사이로 햇살이 쏟아진다. 황홀함의 극치다. 해변에 앉아 바다를 바라보며 첫 차박을 마무리했다.

제주도 추천 차박지 1 : 신양섭지해수욕장

제주도 풍경을 한눈에 담을 수 있는 최적의 장소다. 해변을 따라 주차장이 조성되어 있다. 공중화장실도 잘 갖춰져 있어서 초보자가 차박을 시도하기에 좋다. 약 700m를 걸어가면 편의점을 비롯한 식당들이 모여 있다. 아침에 일어나 모래사장을 걸으며 힐링하기도 좋다.

제주 바다는 검푸르다, 곽지해수욕장

제주도에서 전기차는 이미 대세로 자리 잡았다. 곳곳에 위치한 충전 인프라가 충전에 대한 부담을 줄여준다. 번화가는 물론 가로등이 없는 외진 곳에서도 완속 및 급속 충전시설을 쉽게 발견할 수 있다. 제주도는 차박의 최고봉으로 꼽히는 전기차와 함께하기에 더없이 좋은 장소다.

겨울 제주에 왔으면 감귤 체험은 해봐야지

제주도를 상징하는 최고의 과일은 단연 감귤이다. 감귤은 고려시대부터 임금의 수라상에 진상된 과일이다. 겨울에 제주도를 방문하면 곳곳에서 주황색 귤이 탐스럽게 달려 있는 감귤나무를 볼 수 있다. 시장이나 농장에서 감귤을 구입할 수 있지만 감귤 체험이 하고 싶어졌다. 제주도 곳곳에 감귤 체험농장이 있다. 체험비용은 농장마다 다르지만 1인당 7,000~1만 원 정도다. 1kg을 딸 수 있고, 시식은 무제한이라 손끝이 노랗게 될 때까지 마음껏 먹을 수 있다. 감귤 따기 체험의 또 다른 묘미는 곳곳에 마련된 포토존에서 인생 사진을 건지는 것. 연인과 함께라면 즐길거리가 넘친다. 저농약 재배라 감귤 곳곳에 약간의 상처는 있지만 껍질이 얇고 매우 달다. 허겁지겁 먹다보니 어느새 손끝이 노랗게 물든다. 오늘 차에서 먹을 감귤 1kg을 챙기고 체험을 마무리했다.

제주에 숨겨진 예술인 마을

다음 목적지는 저지예술인마을. 2012년 한국에서 가장 아름다운 마을로 선정된 곳이다. 저지리는 한경면에 있는 마을 중 가장 고지대에 위치해 있어 눈앞에 한라산이 펼쳐져 있다. 저지예술인마을은 2007년 제주의 문화예술 발전을 위해 조성된 곳으로 도립 제주현대미술관을 중심으로 군소 미술관들이 오밀조밀하게 모여 있다. 많은 이들에게 알려진 유명 관광지가 아니다 보니 언택트 여행지로 제격이다. 제주현대미술관 입장료는 성인 2,000원, 만 24세 미만 1,000원이다. 상설 전시회 외에 특별전이 꾸준히 열려 다양한 작품을 감상할 수 있다.

저지리에는 세계 야생화 전문 박물관으로 알려진 '방림원'도 있다. 약 5,000평에 달하는 부지에 세계 각국의 식물 3,000여종이 있다. 실내 전시관을 비롯하여 야외 정원과 방림굴, 그리고 폭포까지 다양한 제주의 모습을 즐길 수 있다. 오롯이 제주의 공기를 마시며 소담함을 느낄 수 있는 곳이다. 혹자는 이곳을 산책하며 '몸과 마음의 치유를 얻었다'고 한다. 입장료는 성인 기준 9,000원.

풍력 발전기가 왜 여기 있는 줄 알겠다

마지막으로 찾은 곳은 노을이 아름답기로 유명한 싱계물공원이다. 도착했을 때 이미 해가 수평선 너머로 사라져 석양을 제대로 즐기지 못했다. 바람을 맞아 빠르게 회전하는 풍력 발전기와 아기자기하게 꾸며진 공원이 눈길을 사로잡는다. 공원 앞쪽에 넓은 주차장(무료)과 공중화장실(현재는 이동을 위해 운영 중단)이 마련되어 있다. 차박 장소로 제격이다. 다만, 편의점 같은 편의시설이 부족해 차박을 시도한다면 만반의 준비를 해야 한다.

저렴하게 즐기는 전복 한 끼

따뜻한 저녁을 먹기 위해 애월에 있는 '은혜전복'으로 향했다. 대표 메뉴는 전복돌솥밥과 전복뚝배기. 제주 바다를 바라보며 먹으면 특별함이 배가된다. 돌솥밥 위에 가지런히 놓인 전복. 전복 내장이 더해져 밥이 초록빛이다. 밥을 싹싹 긁어모아 그릇에 옮겨 담은 후 뜨거운 물을 붓고 뚜껑을 덮으면 식사 준비 끝. 식사를 마칠 때쯤 뚜껑을 열면 모락모락 김이 나는 뜨끈

한 숭늉 한 그릇이 나타난다. 반찬은 정갈하다. 특별한 반찬은 없지만 무엇 하나 부족한 맛이 없다. 전복 뚝배기에는 전복을 비롯해 꽃게, 새우, 뿔소라 등 다양한 해산물이 담겨 있다. 신선한 해산물이 조화를 이룬 국물은 그야말로 진국이다. 한번 빠지면 헤어 나오기 힘든 중독성이 강한 맛이다.

주소 : 제주시 애월읍 애월로1길 24-3
메뉴 : 전복돌솥밥 1만 5,000원, 전복뚝배기 1만 5,000원

바람에 맞선 곽지해수욕장

오늘의 차박지는 곽지해수욕장. 드넓은 주차장이 해안선을 따라 길게 뻗어 있다. 주차요금이 무료이고 인근에 편의점과 카페 등이 있어 차박에 최적화된 장소. 공중화장실도 깨끗하고 화장지까지 있다. 한 바퀴 둘러보니 캠핑족들이 눈에 들어온다. 곽지리 청년회가 운영하는 야영장의 이용요금은 1만 원으로 저렴하다. 대신 전기는 사용할 수 없다. 화장실에서 몰래 전기를 끌어다가 사용하는 이들이 있다고 한다. 시쳇말로 '도전(도둑 전기)'이다. 노지 차박 혹은 캠핑에서 하면 안 되는 대표적인 행동이다.

바닷가 가장 가까운 곳에 주차했다. 트렁크를 열면 제주의 푸른 바다가 눈앞에 펼쳐진다. 차박지에서의 간식은 오늘 따온 감귤. 17인치 디스플레이로 넷플릭스를 보며 귤을 까먹으니 천국이 따로 없다. 추위 걱정은 없다. 열선 시트와 히터를 작동하면 실내는 금세 훈훈해진다. 영화 한 편을 다 보고 나니 어느새 잠자리에 들 시간. 2열 시트를 폴딩하고 잠자리를 펼쳤다. 테슬라의 자랑인 캠핑 모드(차량의 배터리 잔량이 20%가 될 때까지 설정한 온도를 유지하는 기능)를 활성화하고 잠을 청했다.

제주도의 매서운 바람이 차를 때린다. 차가 세차게 흔들려 문제가 생기는 것이 아닐까 내심 걱정이 되었지만 걱정과 달리 상쾌한 아침을 맞았다. 히터를 틀고 자서 건조하긴 하지만 이건 젖은 수건이나 차량용 가습기로 쉽게 해결할 수 있다. 배터리 잔량은 역시 20% 가량 줄어 있다.

눈앞에 펼쳐진 푸른 바다와 함께 제주도에서의 세 번째 날을 맞이했다. 이번 차박도 성공적이다. 아침은 간단하게 커피와 보리빵으로 해결했다.

제주도 추천 차박지 2 : 곽지해수욕장

넓은 주차장을 활용한 차박이 가능하다. 24시간 편의점과 카페가 가까워서 걸어서 이용할 수 있다. 여름엔 시원한 음료를, 겨울엔 따뜻한 차를 사서 마실 수 있다. 화장실은 관리가 잘되어 있고 화장지도 구비되어 있다. 세면대도 2개가 있어서 간단한 양치질도 할 수 있다. 1만 원에 이용할 수 있는 야영장도 있어서 캠핑도 즐길 수 있다. 강풍 대비는 필수.

3일차

새별오름
일정 시작

롯데호텔 제주
중문 서귀포 슈퍼
차저

색달 해수욕장
1시간 가량 산책

점심식사
1째 김밥 집 중 하나

차백지 도착
새별오름

저녁식사

동백동산
동백꽃 군락지

외돌개
바다 보며 산책

이번에는 중문으로 향했다. 제주도 유일의 슈퍼 차저(테슬라 전용 급속 충전기)가 있는 곳이다. 한라산 자락을 통과해 중문까지 이어진 1100도로를 달렸다. 검은 아스팔트 도로와 하얗게 수놓인 눈꽃, 새파란 하늘이 대비를 이루며 비경이 펼쳐진다. 1100도로는 폭설이 내리면 통제되는 것으로 유명한 제주도의 산간도로다. 구불구불 산길을 달리면 왼쪽으론 한라산 자락이, 오른쪽으론 푸른 바다가 펼쳐져 있다.

테슬라 충전은 역시 슈퍼 차저가 최고

중문 서귀포 슈퍼 차저는 롯데호텔에 있다. 주차장은 유료로 운영된다. DC차데모에 어댑터를 연결해 급속 충전(40~50kWh 내외)하는 것에 비해 더 빠른 속도(100kWh 내외)로 충전이 가능하다는 장점이 있다. 슈퍼 차저에 충전기를 물린 후 중문 색달해수욕장까지 이어진 산책로

를 따라 걸었다. 꽤나 가파른 계단이지만 주차장에서만큼 강한 바람이 느껴지지 않는다. 3일 내내 바람에 시달렸던 일이 꿈만 같다. 1시간가량 산책을 하고 돌아오니 20%대였던 배터리가 80%까지 차올랐다. 슈퍼 차저는 시간당 최대 120kW의 충전 속도를 자랑하지만 추운 날씨에는 충전 효율이 떨어져 속도가 잘 나오지 않는다.

제주도 3대 김밥집, 다정이네

산책을 마치고 제주도 3대 김밥집으로 손꼽히는 '다정이네'를 찾았다. 다정이네김밥과 멸치김밥, 제육김밥 세 가지를 골랐다. 일반 김밥과 달리 밥의 양이 적고 재료가 풍성하다. 메인 메뉴인 다정이네김밥 맛의 포인트는 풍성한 계란 지단이다. 멸치김밥과 제육김밥의 간은 약간 강한 편이다. 심심한 맛을 즐기는 이들에겐 조금 부담스러울 수 있다. 김밥을 먹으며 다음 목적지인 외돌개로 향했다.

주소 : 제주 서귀포시 동문로 59-1
메뉴 : 다정이네김밥 3,000원 / 멸치김밥 4,000원 / 제육김밥 4,500원

바다를 보며 산책하기 좋은 외돌개

바다 한복판에 홀로 우뚝 솟아 있다고 해서 붙은 이름인 외돌개는 150만 년 전 화산 폭발로 생긴 바위섬이다. 높이가 무려 20m에 달하는 가파른 기암절벽으로 사람이 오르기 어렵다. 외돌개 주변에는 여름에 물놀이하기 좋은 선녀탕과 일몰 포인트인 범섬이 있다. 선녀탕 주위로 높은 바위가 둘러싸고 있어 거친 파도에서도 유유자적 수영을 즐길 수 있다. 파도의 영향이 적어 스노클링을 즐기기 위해 방문하는 이들도 많다. 범섬은 꽤나 넓은 돌섬이다. 섬 끝자락에 멋진 일몰과 함께 인생 사진을 찍을 수 있는 사진 스폿이 있다. 다만, 높은 낭떠러지에 별도의 난간이 마련되어 있지 않아 안전사고에 유의해야 한다. 사유지를 통해야 하지만 별도의 입장료는 없다. 유료 주차장과 무료 주차장이 붙어 있으니 표지판을 잘 확인하고 주차해야 한다. 화장실도 갖춰져 있어서 차박 포인트이기도 하다.

추위에도 피어나는 꽃, 동백동산

외돌개를 뒤로 하고 향한 곳은 동백동산. 20여 년 된 동백나무 10여만 그루가 숲을 이루고 있는 곳이다. 동백꽃은 따뜻한 지역에서만 피기 때문에 수도권에서는 좀처럼 보기 힘든 식물이다. 방문 당시에는 아직 동백꽃이 피기 전이라서 꽃을 보진 못했다. 그래도 가볼 만한 가치가 충분하다. 희귀식물의 자생지이자 난대성 상록활엽수가 넓게 펼쳐져 있어 볼거리가 풍성하다. 현재는 '곶자왈'이라고 불린다.

동백동산에는 먼물깍이라는 습지가 있다. 람사르 습지(람사르협회가 지정 · 등록하여 보호하는 습지)로 지정된 보호구역이기도 하다. 그만큼 자연 환경이 잘 보존되고 있다. 풍경을 보며 걷는 코스는 약 5km 이상으로 1시간에서 1시간 30분 정도 걸린다. 별도의 입장료는 없다. 다만, 곳곳에 울퉁불퉁한 돌길이 있어서 걷기 편한 신발을 신고 와야 한다.

동백동산 주차장에는 전기차 충전기는 물론 깔끔한 공중화장실이 있다. 주차비도 무료다. 숲 속에서 차박을 즐기고 싶은 이들에게 추천한다.

주소 : 제주시 조천읍 선흘리 산 12, 주차 및 입장료 무료

석양이 아름다운 차박 명소, 새별오름

마지막 목적지는 새별오름이다. 갈대로 뒤덮여 황금색으로 빛나는 멋진 곳이다. 노을이 지는 시간대에 방문하면 그야말로 인생 사진을 건질 수 있는 스폿이다. 머리 뒤로 넘어가는 태양을

배경으로 바람에 흩날리는 억새와 함께 사진을 찍으면 예술적인 사진을 건질 수 있다. 오름을 앞에 두고 좌우로 탐방로가 조성되어 있다. 왼쪽 탐방로는 가파른 대신 거리가 짧고 오른쪽 탐방로는 거리가 긴 대신 완만하다. 체력과 시간에 따라 선택하면 된다. 대략 10~20분이면 가뿐하게 오를 수 있다. 오름을 배경으로 하는 차박을 즐길 수 있어 차박지로 손색이 없다. 멀리 보이는 푸른 바다와 눈으로 덮인 한라산을 보는 묘미도 있다. 이곳 새별오름에서 제주도에서의 마지막 밤을 보내며 제주도 차박 여행을 마무리했다.

주소 : 제주시 애월읍 봉성리 산 59-8, 주차 및 입장료 무료

제주는 차박하기에 최적화된 섬이다. 해안가를 따라 크고 작은 공원과 해수욕장이 드넓게 펼쳐져 있다. 사유지만 아니라면 원하는 장소에 주차를 하고 나만의 잠자리를 만들 수 있다. 바다가 지겹다면 산으로 가도 된다. 한라산 자락을 따라 잘 보존된 자연 생태계가 있다. 자연을 훼손하지 않는다면 이 역시 좋은 차박지다.

제주도는 차박에서 나온 쓰레기를 처리하기도 용이한 곳이다. 각 마을에서는 분리수거장을 운영하고 있다. 음식물 쓰레기 역시 이곳에서 처리할 수 있다. 만약 제주도 차박을 준비하고 있다면 이런 정보를 미리 숙지하고 떠나는 것이 좋다. 때때로 공중화장실에 쓰레기를 버리거나 공용 전기를 훔쳐 쓰는 '도전(도둑 전기)'이 목격되기도 하니 말이다. 차박을 하려면 타인을 배려하는 마음부터 갖춰야 한다.

제주도 추천 차박지 3 : 새별오름

황금빛으로 반짝이는 억새풀과 그 뒤로 펼쳐진 제주의 푸른 바다, 눈으로 덮인 한라산의 풍경에 압도당하는 듯하다. 주차장이 넓게 펼쳐져 있고 화장실도 있다. 다만 주변에 식당이나 편의점 같은 시설이 없다.

4일차

새별오름 출발 — 제주항 새벽 배 탑승 — 진도항 — 서울 도착

언택트 여행에 대한 관심이 높아지고 있다. 답답한 일상은 벗어나되 대인 접촉은 최소화하려는 사람들이 많다는 것이다. 대표적인 레저활동이 차를 이용해 이동과 숙박을 원스톱으로 해결하는 차박이다. 천혜의 자연 환경을 보존하고 있는 제주도의 해안선에는 크고 작은 차박지가 모여 있어서 많은 차박러들이 찾고 있다. 제주도 차박을 준비 중이라면 꼭 알아야 할 꿀팁을 소개한다.

진정한 차박러가 머물다 간 자리는 아름답다

제주도 곳곳에서 볼 수 있는 쓰레기 분리수거장

차박을 하는 이들이 가장 먼저 갖춰야 할 것은 쓰레기를 제대로 처리하는 태도다. 차박지 곳곳에 버려진 쓰레기는 관광지 마을의 골칫거리다. 제주도는 마을 곳곳에 분리수거장이 마련되어 있다. 차박을 하면서 나온 쓰레기를 처리하기에 편리한 환경이다. 일반쓰레기는 별도의 종량제 봉투에, 재활용 쓰레기는 분리수거통에 버리면 된다. 별도의 인증 없이 음식물 쓰레기도 버릴 수 있다. 티머니 교통카드만 챙기면 된다. 최소 잔액이 1,000원 이상이면 된다. 요금은 음식물 쓰레기 양에 따라 달라진다. 분리수거장은 오후 3시~10시에 이용할 수 있다.

제주도는 바람의 섬, 철저한 방풍 대책은 필수!

제주도는 예로부터 돌, 여자, 바람이 많아 '삼다도'라 불린다. 제주도 대부분의 차박지는 해안가에 위치하고 있어 바람에 대비해야 한다. 두꺼운 패딩보다 바람막이와 경량 패딩 등을 겹쳐입는 것이 좋다. 그래야 기온에 따라, 좁은 차 안에서도 옷을 입거나 벗기 편하다. 선글라스 역시 필수 아이템이다. 해변에 있는 모래가 바람을 타고 날아와 눈을 괴롭힐 수 있기 때문이다. 선글라스를 착용하면 햇빛은 물론 모랫바람도 막을 수 있다.

제주도는 바람의 섬이다.

두꺼운 침낭보다는 수납이 간편한 제품을!

제주도는 우리나라 최남단에 위치하고 있어 겨울에도 기후가 온난하다. 이런 이유로 차박의 필수품인 침낭 역시 두꺼운 구스다운보다는 수납이 간편한 제품을 준비하는 것이 좋다. 필파워가 높아 압축이 잘 되는 구스다운 침낭이라고 해도 충전량이 많으면 부피가 커질 수밖에 없다. 다운의 충전량이 낮아 내한 온도가 낮지 않더라도 온난한 제주도에서라면 충분하다. 침낭은 오버 스펙으로 선택해도 후회가 없다는 의견이 지배적이지만 제주도에서는 예외다. 적당한 제품을 선택해도 괜찮다.

극동계용 침낭을 챙겼다가 낭패를 봤다.

Part 9

차박 시 주의할 점 & 클린 차박

사진 : 노대겸

01

이것만은 꼭 지켜요! 5가지 차박 에티켓

차박은 멋진 자연과 함께할 때 빛이 난다.

차박을 한다면 장비보다 에티켓부터 챙겨야 한다. 차박지는 우리에겐 놀러가는 장소지만 지역 주민에겐 생활 터전이다. 일부 몰상식한 차박러들 때문에 폐쇄된 차박지도 있다. 모두를 위해 꼭 지켜야 할 차박 에티켓을 정리했다.

첫째, 흔적을 남기지 않는다

차박은 자연 그대로를 즐기는 휴식이다. 아름다운 자연을 오랫동안 보기 위해선 쓰레기를 남겨두고 와선 안 된다. 쓰레기는 다시 집으로 가져와야 한다. 아니면 쓰레기봉투를 구입해 현지에서 처리한다. 분리수거는 필수!

둘째, 불은 사용 가능한지 확인하고 화로에서만!

대부분의 차박지에선 불을 사용할 수 없다. 불을 사용할 수 있는 강가 주변이라도 화로대가 필요하다. 돌바닥에 바로 불을 피우는 행위(땅불)는 금물이다. 불에 그을린 자국이 없어지지 않을 뿐더러 재 이외에 지저분한 쓰레기가 남는다. 더 중요한 사실은 불을 피운 자리의 생명체가 죽는다는 것이다. 재는 일반 쓰레기이므로 쓰레기봉투에 버려야 한다.

불은 화로대에서만 피워야 한다.

셋째, 목소리는 낮추고 음악은 이어폰으로 듣자

다들 지친 심신을 달래고 힐링하기 위해 자연으로 왔는데 늦은 시간까지 떠들거나 음악을 크게 튼다면 어떻게 될까? 주위 사람들의 행복한 시간을 방해하지 말자. 목소리는 낮추고, 음악을 듣고 싶다면 이어폰을 사용하자.

넷째, 되도록 지역 특산품과 맛집을 이용하자

화기 사용이 가능하고 요리를 할 수 있다면 지역 특산물이나 시장에서 식재료를 구입할 것을 권한다. 그게 안 된다면 지역 맛집에서 식사를 하거나 포장을 해서 차박지에서 먹는 방법이 있다. 되도록 차박지 주변의 지역민에게 혜택이 돌아가도록 하자. 지역 경제 활성화에 도움이 된다.

다섯째, 노상 방뇨는 절대 금물!

노지 차박을 다니다 보면 화장실이 없는 곳이 많다. 그렇다고 노상 방뇨는 금물이다. 화장실을 자주 가는 편이라면 화장실이 갖춰진 차박지를 이용하자. 여의치 않다면 이동식 변기를 준비하는 것도 방법이다. 물을 많이 마시지 않으면 화장실을 자주 가지 않아도 되니 밤 9시 이후에는 금수!

02

다녀간 흔적을 남기지 않는 클린 차박

차박에 흔적이란 없다.

나 하나 좋자고 남에게 피해를 주면 안 된다. 차박의 기본 에티켓이다. 내 만족을 위한 차박이지만 다른 사람을 불편하게 해서는 안 된다.

차박의 인기가 날이 갈수록 높아지고 있다. 하지만 지켜야 할 것을 지키지 않는 일부 차박족 때문에 선의의 차박족도 불편을 겪고 있다. 가장 큰 문제는 머물렀던 자리에 쓰레기를 그대로 두고 가는 것이다. 특히 차박 성지로 소문난 곳마다 쓰레기 문제로 골머리를 앓고 있다.

모곡 밤벌유원지에 누군가가 버리고 간 쓰레기. 차박에서 쓰레기는 절대 금물이다.

쓰레기는 어떻게 처리해야 할까?

차박을 했다면 흔적을 남기지 않아야 한다. 쓰레기도 최소한으로 줄이는 게 좋다. 그러기 위해선 아예 요리를 하지 말자. 해 먹는 것보단 지역 맛집을 이용하는 것이다. 쓰레기도 적게 나오고 맛있는 음식을 먹을 수 있으니 일석이조다. 차 안에서는 김밥이나 스낵 정도로 요기하는 게 상책이다.

그래도 이런저런 쓰레기가 나오기 마련이다. 처리 방법은 두 가지다. 종량제 봉투를 사면 된다. 지역 마트나 편의점에서 구입할 수 있다. 기껏해야 몇백 원이다. 큰 사이즈 하나만 구입해도 하루치 쓰레기를 충분히 담을 수 있다. 이렇게 하면 집까지 쓰레기를 갖고 가지 않아도 된다. 물론 정해진 장소에 버려야 한다. 재활용 쓰레기도 분리수거하자.

차박 사이트가 오지라면 쓰레기장을 찾기 힘들 수도 있다. 이런 경우엔 나누어 담은 쓰레기들을 집까지 가져오면 된다. 이것이 차박의 완성이다. 귀찮고 성가시더라도 꼭 지켜야 할 차박 에티켓임을 기억하자.

가장 주의해야 할 것은 음식물 쓰레기다. 특히 더운 여름에 바닥에 음식물 쓰레기를 버리면 악취가 심하다. 추운 겨울에는 얼어버리기도 한다. 공중화장실 변기에 음식물 쓰레기를 버려 변기가 막히는 경우도 수두룩하다. 작은 밀폐 용기를 챙겨 가서 음식물 쓰레기를 담아 집으로 가지고 오는 것이 가장 좋다.

저렴하면서도 요긴한 차박 용품을 이용해보자

1만 원 내외의 쓰레기봉투 걸이를 사용하면 비교적 내부를 청결하게 유지할 수 있다. 음식물 쓰레기 역시 마찬가지다. 전용 용기를 사용하면 내용물과 냄새가 전혀 새어 나오지 않는다. 용품도 비교적 저렴한 축에 속한다.

마트에서 구입한 밀폐 용기에 음식물 쓰레기를 담았다.

천사는 흔적을 남기지 않는다

우리나라의 차박 문화는 이제 태동 단계라 미흡한 점이 있다. 하지만 작은 것부터 실천해나가면 너도 나도 즐거운 차박 문화를 만들 수 있을 것이다.

차박족이 급증하면 관련 규제들이 생길 것이다. 차박은 현재 야영이나 캠핑과 다른 규제 사각지대다. 말 그대로 차에서 잠을 자는 행위일 뿐이다. 이 때문에 주차장은 물론 사유지, 도로변 등이 쉽게 침범당하고 어지럽혀진다. 무료 주차장이었던 곳도 유료로 바뀌거나 인근 주민들 관리하에 오지였던 곳을 오토캠핑장으로 바꿔버리는 경우도 있다. 최악의 경우는 차박이나 캠핑을 전면 금지시키기 위해 아예 사이트를 폐쇄하는 경우다.

꼭 필요한 최소한의 규제는 만들고 지켜야 한다. 나에게는 하룻밤 일탈이 누군가의 일상을 침해하는 것일 수도 있다. 차박족은 이 사실을 명심하자.

OUTRO

차박의 시초는 드넓은 대륙,
해외 차박에 도전해보자

차박의 원조는 미국과 유럽
자동차 선진국에선 이미 1940년대에 시작

코로나의 영향으로 차박은 글로벌 트렌드가 되었다. 차량에 연결하는 천막인 어닝(Awning)의
글로벌 품귀 현상이 생긴 지 오래다.

차박의 원조는 자동차 선진국인 미국과 유럽이다. 자동차가 급격하게 늘어난 1930~1940년대
'모토라이제이션' 시대에 이미 차박이 등장했다. 1000km 이상 먼 길을 갈 때 차량은 서민들의
여관이자 호텔이 되었다. 부자들의 경우도 다르지 않았다. 1940년대 미국에서는 소형 버스를
개조한, 소위 캠핑카가 꽤 보급됐다고 한다. 이처럼 차박은 자동차 대중화의 역사와 함께 시작
했다고 할 수 있다.

폭스바겐의 레트로 전기버스

차박을 하는 동안 필자의 뇌리에는 "한반도가 통일되면 차박은 정말 새로운 도전과 로망일 텐
데." 하는 생각이 여러 번 스쳐 지나갔다. 서울에서 출발해 평양, 신의주를 지나 중국 땅을 거
치고 러시아를 지나 유럽까지 횡단할 수 있다면! 한국이 바로 아시안 하이웨이의 출발점이 되
는 것이다. 6000km 정도를 달리면 유럽에 다다를 수 있으니 하루에 300km씩 가면 한 달이면
충분한 일정이다. 한 달 동안 매일 각국의 자연을 즐길 수 있다면! 상상만으로도 가슴이 뛴다.

한국은 지금 섬나라와 마찬가지다. 아무리 먼 곳을 달려봐야 500km를 넘지 않아 아기자기한 차박이 가능하다. 아파트 숲으로 둘러싸인 도심에서 한두 시간만 달리면 그럴싸한 자연 속의 차박지를 만날 수 있다. 서너 시간만 투자하면 서해 갯벌은 물론 동해의 거센 파도소리를 들을 수 있다. 국토가 좁아 느낄 수 있는 작은 행복이다. 이런 점에서 차박은 요즘 MZ 세대의 트렌드인 '소확행'과도 접점을 찾을 수 있다. 크게 준비하지 않아도 되고, 큰돈이 들어갈 일도 없다. SUV만 있다면 그냥 떠나면 된다.

https://jmagazine.joins.com/forbes/view/307968

필자는 2005년과 2015년, 두 번에 걸쳐 미국(시카고~LA)을 횡단했다. 할리데이비슨 모터사이클과 함께. 10일 동안 대략 4000km 거리를 달렸다. 한번은 사우스 다코타를 지나는 북쪽 루트를 따라, 한번은 전설적인 미국 횡단의 첫 국도인 66루트를 따라서다. 횡단을 하면서 미국인들의 차박을 여러 번 목격하고 그들과 많은 이야기를 나누었다. 통상 4~6명이 버스를 개조한 캠핑카나 소형 트럭 캠핑카 뒤에 연결 장치를 달아 카니발 같은 MPV나 소나타 같은 승용차를 끌고 다닌다. 샤워장과 화장실이 완비된 거대한 RV PARK에 주차한 후 승용차를 이용해 도심 관광을 하는 식으로 여행을 즐긴다.

필자도 대형 캠핑카를 운전해보고 RV PARK에 주차도 해봤다. 주차를 하면 3가지 호스를 연결해야 한다. 하나는 전원, 하나는 차량에 물을 공급하는 상수도, 하나는 샤워 등 오물을 배출하는 하수도 기능이다. 필자는 서툴러서 연결하는 데 대략 20~30여분이 걸렸다. 익숙한 미국인들은 10여분 만에 뚝딱 일을 끝내고 관광을 떠난다. 한 미국인 가족은 캠핑카 뒤에 카니발 같은 RV 이외에 모터사이클 2대도 달고 다녔다. 이처럼 차박은 미국인의 생활 속에 깊숙이 자리 잡은 여행 문화다. 소규모 차박은 주로 토요타 시에나, 혼다 오딧세이 같은 MPV를 타고 2~3인 가족이 주로 한다. 간단한 짐과 함께 차에서 잠을 자면서 여행하는 것이다. 물론 매일 차에서 잠을 자는 것은 아니다. 대륙 횡단 같은 장거리 여행이라면 일주일에 한두 번은 고속도로 근처 여관(INN)에 들러 숙박을 한다. 코인 세탁소에서 빨래도 하고 하루 정도는 수영장에서 여가를 즐긴다. 그런 다음 다시 여행을 떠난다.

차박은 이처럼 삶의 연장선상에서 펼칠 수 있는 흥미로운 여행이다. '한번 도전해볼까' 하고 용기를 내면 국내뿐 아니라 해외에서도 얼마든지 가능하다. 다시 해외여행이 가능해지는 날이 온다면 필자는 일본과 스페인으로 차박 여행을 떠날 것이다. 세상은 멋진 곳이다. 국내에서 차박에 익숙해졌다면 해외 차박에 도전해보자.

"세상은 멋진 곳이다. 그렇기에, 충분히 싸울 가치가 있다."

(어니스트 헤밍웨이)

Go!
차박

2021년 10월 6일 초판 1쇄 인쇄
2021년 10월 13일 초판 1쇄 발행

지은이 | 고차박 편집팀
펴낸이 | 이종춘
펴낸곳 | (주)첨단

주소 | 서울시 마포구 양화로 127 (서교동) 첨단빌딩 3층
전화 | 02-338-9151
팩스 | 02-338-9155
인터넷 홈페이지 | www.goldenowl.co.kr
출판등록 | 2000년 2월 15일 제2000-000035호

본부장 | 홍종훈
편집 | 오누리
교정·교열 | 강현주
본문 디자인 | 조서봉
전략마케팅 | 구본철, 차정욱, 나진호, 이동후, 강호묵
제작 | 김유석
경영지원 | 윤정희, 이금선, 최미숙

ISBN 978-89-6030-587-8 13980

BM 황금부엉이는 (주)첨단의 단행본 출판 브랜드입니다.

· 값은 뒤표지에 있습니다. 잘못된 책은 구입하신 서점에서 바꾸어 드립니다.
· 이 책은 신저작권법에 의거해 한국 내에서 보호를 받는 저작물이므로
  무단 전재 및 복제를 금합니다.

황금부엉이에서 출간하고 싶은 원고가 있으신가요? 생각해 보신 책의 제목(가제), 내용에 대한 소개, 간단한 자기소개, 연락처를 book@goldenowl.co.kr 메일로 보내주세요. 집필하신 원고의 일부 또는 전체를 함께 보내주시면 더욱 좋습니다. 책의 집필이 아닌 기획안을 제안해 주셔도 좋습니다. 보내주신 분이 저 자신이라는 마음으로 정성을 다해 검토하겠습니다.